U0206613

1896镜湖学人文丛

民居·聚落

西南地区乡土建筑文化

季富政 著

西南交通大学出版社
·成都·

图书在版编目（CIP）数据

民居·聚落：西南地区乡土建筑文化 / 季富政著
.—成都：西南交通大学出版社，2019.11
（1896 镜湖学人文丛）
ISBN 978-7-5643-7169-2

Ⅰ.①民… Ⅱ.①季… Ⅲ.①民居－建筑文化－研究
－西南地区 Ⅳ.①TU241.5

中国版本图书馆 CIP 数据核字（2019）第 217785 号

1896 镜湖学人文丛
Minju · Juluo
Xinan Diqu Xiangtu Jianzhu Wenhua
民居·聚落
西南地区乡土建筑文化

季富政　著

责任编辑　武雅丽
装帧设计　曹天擎

出版发行　西南交通大学出版社
（四川省成都市金牛区二环路北一段 111 号
西南交通大学创新大厦 21 楼）
发行部电话　028-87600564　028-87600533
邮政编码　610031
网　　址　http://www.xnjdcbs.com
印　　刷　成都市金雅迪彩色印刷有限公司
成品尺寸　170 mm × 230 mm
印　　张　15
字　　数　208 千
版　　次　2019 年 11 月第 1 版
印　　次　2019 年 11 月第 1 次
书　　号　ISBN 978-7-5643-7169-2
定　　价　86.00 元

序文

汪国瑜

季富政先生从美术、语言文学专业的造诣出发，涉猎建筑。长期以来，他在教学之余，致力于我国传统建筑文化的研究，萃心积虑，孜孜不倦，不顾严寒酷暑，博览群书，亲身实践，足迹遍及全川。他积累了大量地方建筑的形象素材，收集了有关当地传统文化的丰富史料，其中速写、图片逾百上千，行文、畅论过数十万字，为四川地区地方建筑文化特色的形成及其发展过程提供了有形有象的依据，发表了有情有理的见解。

读他的文章，我有如下一些感受：

第一个特色是他立足于文化来论述建筑，这是探索建筑发展的深层次构想和举措。建筑文化如同文学、音乐、绘画一样，是中国传统文化中一个有机组成部分，它在世界建筑文化中也是独树一帜，自成一格，反映着对人、对自然、对社会的尊重和关注。一个国家、一个民族历史发展水平和成就可以从这里探根溯源，了解它的发展轨迹，区别它的良莠因果，认识它的审美特征，可以提高我们的民族自豪感和责任感，从而推陈出新、继往开来。

第二个特色是他把有些文章论述的中心摆在一些人想做却很少做到、很多人知其然而不知其所以然，听起来似乎很普遍，但又说不出个道理的内容上。从命题中就可看出他在这方面的独特构想，诸如名山寺庙与民居、方言与情理、风水与环境、山水画与建筑等的互补关系与相互影响，以及一些造型奇特，风格独具的小乡小镇和民居、碉楼之类的民间建筑等。像这样的课题需要发掘的还很多。这些课题看起来似乎很小、很简单，它却更广泛地反映了我国人民的传统文化心态和追求。大课题需要探讨，小课题也需要开拓。不厌其烦地去深入研究它们，在深度和广度上同时并进，对深刻认识并理解我们的文化层次大有裨益。

第三个特色是他把建筑、建筑环境和形象绘画结合起来，建筑和建筑环境总是作为人的视觉对象而存在的。人、建筑、环境三者永远是相依共存而不可分的。讨论建筑常常离不开画，评议建筑往往离不开形象。形象的东西用图和画的方式表达，比用文字描述和语言解释更为直接清楚，更容易被人认识和理解。因此，以画代言、以图表文、以象纪实、以形达意，几乎成为所有建筑师们述怀寄志、达情表意的有效手段。图文并茂，将创作与欣赏之间的意和象、感和受、内和外、主观和客观等对应关系都充分联系在一起，在吟文运篇中也可获得额外的审美享受，阅读起来，自是比那些缺图少像的文章要有趣得多。

总而言之，季君的文章，言之有物，读之有味。此话对否，还请广大的读者朋友们共同研究。

于清华园半窗斋

2019 年 3 月

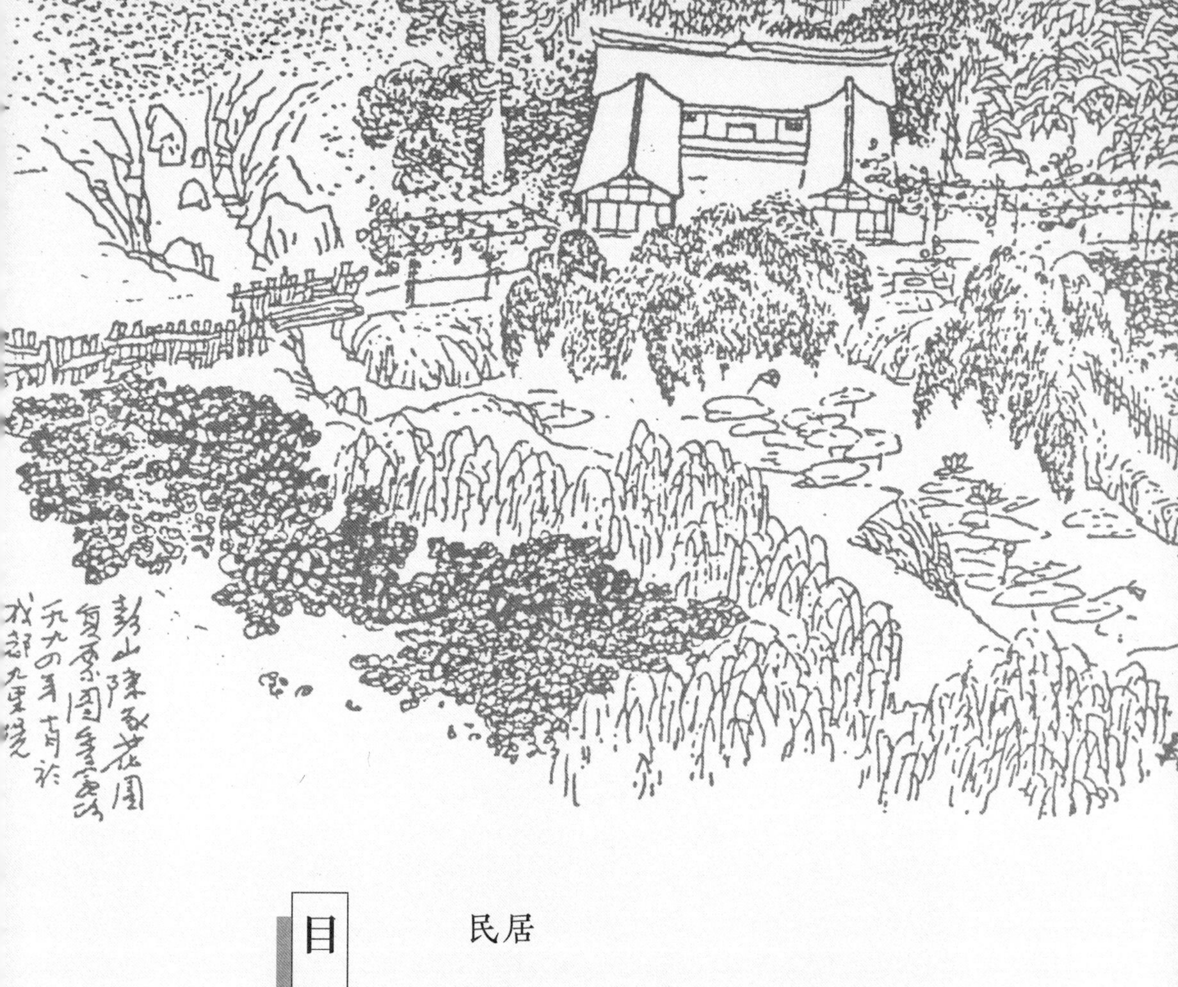

目录

民居

聚落

发现散居·发现部落

民居

东汉画像砖《庭院》图像研读

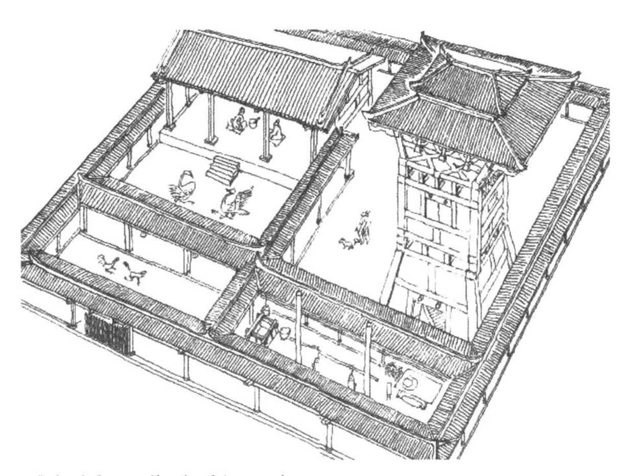

《庭院》画像砖透视示意图

汉代的画像砖、画像石、石棺画像、墓阙画像、崖墓画像在巴蜀地区留下大量的有关建筑的图像，几乎各县都有，尤以东汉时期的画像砖为甚。其中成都双流县（现为双流区）牧马山出土、谓之《庭院》（或曰《庄园》）的一幅画像砖图像被《中国建筑史》等若干经典版本采用，并有大量文论阐述。由此可见此图在中国建筑史上的突出地位，即凡论中国古代建筑，尤其住宅者，不涉此案，皆有不成文章之嫌。此图究竟在中外相关著述上用了多少次，已无法统计。今选 11 例具有代表性的著作以据其分量。（按出版时间顺序排列，见参考文献［1］～［11］）

这些著作对于《庭院》图像的见解大同小异、卓有见地。《庭院》特征为：主体厅堂三开间，并构成前庭后院院落。而次要的杂屋、库贮部分则形成另一功能区。二者中有廊道分隔成一主一副两部分；四周则有廊道围合形成一方形庭院。此建筑谓之庭院或庄园等。

经长期观察与图像比较，似觉尚有一些现象值得进一步探讨。

坐北朝南的庭院格局

牧马山《庭院》图像中的空间格局组合划分，是四川古代农村民居中的必然，还是偶然？为什么要把核心居住主宅部分放在画面的左上角（西北方），而把厨房放在右下角（东南方），从而形成对角格局之状，显然，这不是偶然。

《庭院》描绘之地的川西平原，属于亚热带湿润季风气候，冬季主要受蒙古高压和阿留申低压的影响，偏北方吹来强劲干冷的冬季风，势力极强；而夏季为太平洋高压和印度洋低压所控，吹来南方暖湿夏季风，但相对微弱。我们审图看画而判，无论什么方向，庭院左下角的西南方最宜设置厨房，因为此位是避开烟霾随风流向对庭院干扰的最佳角度，而烟霾原因自然在厨灶一年到头大量使用的燃料上。

四川盆地古代不产煤，居民厨用燃料多为木柴、秸秆之类，往往浓烟滚滚、污染严重，此况直到当代都是棘手问题。一个庭院，如果厨灶之房处理不当，尤其煤灶位在厨房内的位置处置不当，其烟霾将熏染全宅，而烟霾的流动受风向的影响最大。若要躲避冬季西北风、夏季东南风裹挟烟霾侵染全宅，最佳办法便是把烟污染控制在全宅的东南一隅，使其不能进入庭院内其他地区，当今拿到农村检验，古今一致，必以东南方设厨灶最佳无疑。那么，主宅厅堂与卧室最需静肃者便是对角最远的左上角之西北角最恰当。唯此，全宅任何位置难以成立。

综上，反观《庭院》整体朝向判断，正是所谓坐北朝南之南北向，论据来自厨房的位置确定以及由此引起的科学认知上。

“易学在蜀”不仅在方位上阐明“以北为尊”的时空概念，巴蜀汉代更是中国天文学的中心，诸术泛用于阴阳二宅的实践，包括方位四兽朱雀、玄武、青龙、白虎的应用。同时随着经济发展，文化也迅速跃升到一个高峰，巴蜀成为全国文化最发达的地区之一。像房屋方位朝向之类事，无论工匠、画人可能本能地首先想到的就是方位。如画像砖中还有街肆呈“十”字图像者，显然非南北与东西向交叉的街道不可，亦是方位感在汉代蜀中根深蒂固的写照。

散居的力证

《庭院》描绘的是一户农村散居的殷实人家，是川西平原人家的常态性居住场景。之所以称为常态，核心意义在于它在历史、社会、文化、艺术、建筑等方面展现的典型性和普遍性，即人类文化学上的乡土意义。具体而言，就是巴蜀民俗中“人大分家，别财异居”必然出现的三代同堂的居住空间及人文内涵。

所谓三代，即父母、夫妻、子女，他们同居一宅，在空间的设计和使用上，基本控制在三开间，也就是所谓“一”字形的格局之中，即中轴的明间和左右次间。这是中原最早的人伦空间原始划分。四川牧马山庭院正是承袭了此一空间原则，表现在4柱3间7檩的抬梁结构主宅上。就此，我们按常理推测：如果以开间5m左右宽，檩距1m左右计，进深不过6～7m，也就和现代四川农村悬山式穿斗木住宅结构差不多。于此安排三代同堂的“人大分家”民间辈分风俗居住组织，恰好得到基本满足。此风一直延续至清末至民国年间，比如朱德、卢德铭[注]，少年时就和祖父母同住有隔断的右次间前间，而邓小平则出生在父母的左次间。人再长大或外出或结婚成家，就必须分开，另立房子居住了，这就形成了最初的三开间散居。

为什么到了有功能齐全的大庭院，甚至庄园的局面，其实质性的有卧室的主宅仅三开间而已？内涵在“人大分家”的人口控制分流上。所以《庭院》图像中本该是厢房的位置才变成了廊子，连接廊子的中部成为真正的过廊而不是卧室之类。作为一户人家，卧室的分配和建造总是有说法和实际需要的。如果拆除围合的廊子和非主宅部分，这完完全全就是裸居田野的一般农民散户。所以，《庭院》是民俗和财富包装得合情合理的汉代农村小康民居，当然不是对自然聚落中的一户描绘，它缺乏有关聚落的任何空间信息。于此，唯有三开间才是散居的普遍载体，而根在“人大分家”上。

当然，散居不唯三开间一类，仍有合院等多类型。“一”字形仍可横向发展，多至七或九开间，不过也只是散居主宅开间多少的分布而已。关

卢德铭，“秋收起义”的总指挥，四川自贡人。

键问题还是在“人大分家”的民俗上，它代表了先进的生产力和生产关系，自然会长盛不衰，因此其图像成为洞窥世界的窗口，就不仅仅只是建筑学方面的意义了。

另外，要特别强调的是，牧马山《庭院》图像厨房的东南向位置，于房舍密集组团的聚落无效，其烟霾必然相互污染。恰此，又佐证了巴蜀散居的事实存在。

散居的最高境界——庄园

自秦统一到东汉约500年间，因其“人大分家”随田园而居的民间风俗的张扬，农业的发展，地主与佃农经济的发达，使得农村住宅质量优劣分化必然出现。四五百年时间，足以让这种状态成熟、成型。所以，我们才感觉到牧马山庄园的完美。当然，这种状态是有层级铺垫的，那就是规模、优劣之分。而牧马山庄园主宅不过三开间小房而已，这就说明庄园在核心空间上是不以大小多少论伯仲的，就是说，最简单的三开间也可以成就和其他空间共同的豪华。此正是三开间内涵深邃之处。

广义上散居的“散”指的是每户相距有机合理的一种分布状。狭义上的“散”则是干巴巴的住宅简陋裸居状，此况毫无围合，更无私密，外貌即四壁加瓦面，光天化日之下，是一种特别尴尬的居住孤立状态。于是人们亟盼有墙、有栏、有廊、有树、有房……一句话，有围合。尤其巴蜀全为散居环境，一旦财富增加，便有安全之虞，就会有空间设防要求出现：有围合再围合。三开间四壁屋顶是一种围合形式，再在周边围一圈墙，廊、房、栏也是加强型的围合形式。在没有自然聚落依附的四川，“单兵自护”显得更加重要。于是，各形各色的围合形态在农村广泛出现 ：石、木、泥、砖、竹、藤……以各种形式将住宅围而合之，就此衍生出围合文化。围合美妙而内涵相当者，便泛起一个模糊的空间称谓——庄园。须知，笔者亲历20世纪40～50年代，仅所见农村散居围合，竟千姿百态，蔚为大观，全然可以作为单独的乡土建筑类型存在，后渐拆除消失。这是一种普及的深度和广度，由此可见，庄园者，必须有围合。但有围合不一定是庄园，一切表明围合不以贫富论。但庄园的围合定然是好的，无疑，在巴蜀散居之境，追求最上乘的围合空间成为庄园的标志形态之一。

虽为悬山屋面，和明清比较，山面出山很短，似有中原硬山余风，流露出中原文化影响四川在建筑上的空间演变，哪怕很微妙。山面呈抬梁式木结构，方格疑为竹编夹泥墙或木板墙。抬梁结构用在次间，今极少见。少数移至明间及堂屋间，它和次间的穿逗结构融为一体，两相比较，更彰显抬梁结构的神圣。抬梁式用材较粗，是导致用材稍细的穿逗结构广泛应用的原因之一。这种变化旁证了森林生态渐自失衡的端倪。

悬山屋面出现垂脊，此制川中大部分已绝迹，但西昌会理等边缘地区可见，汉制无疑。另外，正脊无中堆屋面无举折，正是汉代住宅简洁之貌。

窗上有门簪，门窗一体，古制再现今汉代入川的羌人民居尚存。望楼底层门、庭院大门等共3处有门簪，说明阴、阳观念在汉代的深入与普及。

二层呈封闭状，粮仓可能性大，临包厨而置，方便。

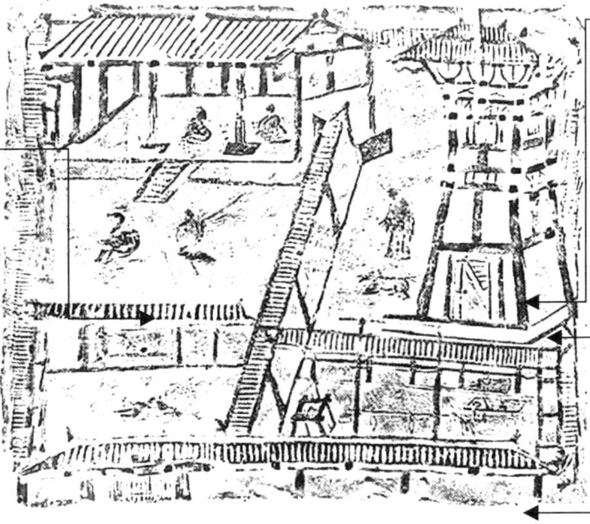

"过厅"进深明显太浅，显然不是卧室之类，疑汉代庭院实制或仍为廊道，包括左右(东、西)廊均不是房间，是不给后人留空间，也是"人大分家"的力证。

望楼一、二层呈收分状，显然是应对地震的基本形态。此制和地震高发区的四川藏族羌族民居及碉楼同式，说明临近的成都平原古代是地震波及区。

利用前廊开门，说明廊下还有实墙，否则开门有何用。回廊绕庭一周，主功在天晴落雨方便，设防是其次，所以围合是完善国人居住哲学和诗意的空间描述，大门前设栅栏，川人称扦子，今川南五通桥一带尚存。

汉代是野炊式与厨灶式并存时代，故无烟囱，烟霾很大，所选厨房位置极重要，此位正是北方庭院大门处，（东南方）刘致平说川宅"僭纵逾制"此为一斑。成都平原地下水浅而丰富，水井打在厨房内，为常态。

牧马山《庭院》图像反映出来的围合为廊道式通廊围合，瓦面覆盖之下，一定有坚固实墙如正立面之墙，否则不能言其安全而通敞大开，任何人都可以任何角度进入而何须置门？其通廊式类似土楼中的隐廊，庭院中的内向回廊及“走马转角楼”之走廊，它是古代空间的一类小生产性质的美妙创造，若配合高而威风的阁楼，便是散居田野的理想居住小天地。此景绝迹于20世纪50年代后，延续约两千年。

牧马山庄园是一个有独特围合的，厅堂式主宅一字形三开间的普通农户庄园。除了奢华的围合外，它还有机地组织了主宅外的物质与精神空间，并力图圆满小生产者“万事不求人”的人生归宿梦。虽然功能不能事事如愿，但生活生产之需也得到了相当的满足，甚至非主宅面积若干倍于主宅，诸如望楼（粮仓）厨房、院坝之类。这种空间奢侈正是财富积累的空间表达，也是住宅文化的深度凝聚，但它始终保持主宅面积的民俗约束，也正是散居内在的“人大分家”人口数量有限空间对应。

这种现象，也可能还有其他原因：一则田园散居，断了自然聚落梦，邻里亲朋来往减少等，别无选择地走住宅空间多样丰富之路以自娱自乐。二则汉代皇帝表彰下臣的做法，凡有功者奖励上等府第，无形中起了导向作用，使得社会群起效仿，以追求大宅、豪宅为荣并成风气。此风不唯巴蜀，实全国劲吹。汉朝成为在砖、石、墓、棺图像及明器中表现住宅建筑最多的朝代。显然，那是一个言必称建筑、言必炫耀建筑的时代。所以，刘致平在抗战期间调查四川民居时认为这是一种常态，此类型不过是“山居—别墅—庄园早年的花园类型”。

构思与构图

这是一幅全景式、综合完整的东汉巴蜀民居的构思与构图，是同时期出土的同内容中，绘画手法、韵味最浓郁的罕见图式；甚至是接近现场写生形神兼备的一点透视俯视图。汉代是隋唐绘画高峰时期的前期哲学、文化、建筑等方面的社会铺垫，民间多有涉及砖、石等材质的建筑表现，如在墓、阙、棺、窟中，形式有模制阴、阳线刻，浮雕以及明器塑造等。如此之状，多仰仗秦汉时期建筑高潮的空间创造，即有丰富的表现对象和对于空间理想的不懈追求。那时没有纯山水画，人的审美情调、闲情逸致、信仰崇尚多反映在生产、生活的现实题材上，反映的建筑不少也是客观存在的实景，或者由此生发的抽象写意构成，但始终没有离开特定的时代空间特征，即只有汉代才广泛展现的阙、桥、楼、阁、廊等形态。这是一类时代空间表现主题，它来自生活生产的长期实践与观察，甚至实景与细节的写生。显然，这是三维空间思维的民间艺术，同时又是汉代社会制度、民风民俗的再现，诸如“人大分家，别财异居”导致散居的区域空间格局得到图像的准确反映和生动再现。若没有这样的背景是不可能产生相应构思的。

在汉代画像各类题材和材质中，极罕见特写式的一小块（40cm×70cm）砖面上，以内容的多样有机，巧妙完善了一副整体肌理感极强、疏密有致的超前构图。而构图独特的妙招在利用庭院廊道围合貌构成边框式的画面。由此我们反问：如果没有围廊作框，画面将是怎样结局？可能是一幅松散的，各建筑互不顾盼、没有呼应、各自为政的拼凑图。墙体功能的廊道围合的出现，想来不是作者在画面上的臆造，而是真实民居空间客观存在对作者的创作灵感的启发。或谓心灵写生的记忆再现，甚至可以大胆设想，有可能就是现场写生的再创作。因为出土此图的牧马山正是成都平原为数不多的浅丘，从其上俯视平原之宅，恰是《庭院》图像角度。这显然不是偶然所得。试问：古人就不能对景写生吗？只不过没有泛用“写生”一词而已。明显，一点透视在图面上萌动，而且是从右到左（画面关系顺序）的俯视角度，清晰的三维空间显示出非常形象化的思维流动。这也是同时期其他题材，如桥梁、家具、人物等共有的透视现象。虽然透视有些幼稚，但唯其如此，才透溢出历史信息的真实。回味后来南朝齐艺术评论大家谢赫的“六法”论，尤其个中“经营位置”道出《庭院》图像构图经典之论，进而营造出“六法”“核心”“气韵生动”之艺术命脉。其因在廊道作框的装饰构图产生强烈的视觉排他性上，就汉代众多图像的比较而论，是其唯一性构图的奇效，读来令人震撼。故曰构图之类技术不可小觑。

另外，泥陶之类的建筑题材很多，对于建筑品样多而繁复，占地宽大的庄园似乎表现有所局限。所以，《庭院》之类的画像砖、石等平面形式，无疑又是对泥陶表现建筑组合不足的补充，更是对汉代空间生活表现的完善。

后 话

本来，读书、阅文、看图往往文字胜于图像，或者图文并茂为佳。而汉代真实地留给我们的，则是图与形多于文。自然，对于图的理解，空间就宽大无边了，又往往于此，就有些神采飞扬了，这就是该出问题的时候了。所以本文只是遐想中的推测而已，错误难免，掩卷而思，唯有写出来求教于方家，也算是一类读书笔记。

——发表于《南方建筑》，2016年05期——

图片来源

《庭院》画像砖透视示意图：作者绘制。成都双流牧马山出土。

参考文献

[1] 刘敦桢．中国古代建筑史[M]．北京：中国建筑工业出版社，1986：51-52.

[2] 中国建筑史编写组．中国建筑史[M]．北京：中国建筑工业出版社，1986：117-118.

[3] 刘致平．中国居住建筑简史——（附四川住宅建筑）[M]．北京：中国建筑工业出版社，1990：131-202.

[4] 刘敦桢．刘敦桢文集：四[M]．北京：中国建筑工业出版社，1992：254-255.

[5] 四川省勘察设计协会．四川民居[M]．成都：四川人民出版社，1996：207.

[6] 侯幼彬．中国建筑美学[M]．哈尔滨：黑龙江科学技术出版社，1997：157-158.

[7] 王绍周．中国民族建筑[M]．南京：江苏科技出版社，1998：360-361.

[8] 高文，王锦生．中国巴蜀汉代画像砖大全[M]．国际港澳出版社，2002：10-37.

[9] 陆元鼎．中国民居建筑[M]．广州：华南理工大学出版社，2003：24-27.

[10] 刘敦桢．中国住宅概说[M]．天津：百花文艺出版社，2004：29-31.

[11] 李先逵．四川民居[M]．北京：中国建筑工业出版社，2009：43-44.

[12] 王鲁民，宋鸣笛．合院住宅在北京的使用与流布——从乾隆《京城全图》说起[J]．南方建筑，2012（4）：80-84.

一个伟大爱国者的情怀

四川民居研究的开拓者与奠基者刘致平

怀着对日本侵略者的仇恨，刘先生在另一个“战场”进行了民族精神与文化砥砺，如战士搏杀般，废寝忘食，拼命磨砺民族精神之剑。这批中华民族脊梁正在以炎黄子孙的孝道、民族的责任和道义，用自己的专业知识，向侵略者“宣战”，以昭示中华民族五千年来的辉煌历程，以及她的不可亵渎、不可征服性。

抗日战争的艰苦岁月期间，一大批学人来到四川，其中有一个令川人不能忘怀的学术群体——中国营造学社。其中骁将刘致平于川中寓居多年，在对民居及古建筑广泛的调查研究之中，历经漫漫长夜、孤人单影、寝食草草、路途艰险。如果没有对祖国拳拳赤子之心，没有眷恋民族文化海一般深邃之情，不可能产生具有钢铁般的意志和研究行为，其虽远离故土，却视川中为至亲。爱国主义者无论在何处，皆唯中华是尊，学问学术无非是爱的一种表现形式而已，然又恰是此形式，历史上亦演绎出多少故事。于是此时此刻又忆起莫洛托夫在对德宣战上的壮言：俄罗斯民族不可战胜，因为它有苏里科夫、列宾、罗蒙诺索夫……同样，中国知识分子近现代群体中产生了一批自由、独立的学术大家。正是这批中华民族优秀子孙，在学术上、人格上为后世留下丰厚的财富。所以，研究刘致平教授的一生，最本质的问题是感悟他对民族、祖国的无限忠诚和热爱。于外，此精神最令外敌胆战，于内，可凝聚人心，于己，是一切工作的动力。

四川民居研究第一人

说刘先生是四川民居研究第一人，似乎不足以反映其成就和地位。吴良镛教授在刘先生的《中国居住建筑简史》序言上说道：“刘致平先生是对中国建筑类型做系统研究之拓荒者，此项工作在抗日战争后即已开始，如对四川民居，成都伊斯兰清真寺等研究。”所以，刘先生实为中国民居系统研究第一人，亦谓之中国建筑类型系统研究之拓荒者。自然，四川民居研究之拓荒者，亦是先生。先生研究之方法亦基本构成后人进入四川民居研究的框架，奠定了研究的基本思路。故后学不读先生书而谈四川民居者，常常浮光掠影，飘飘然，昏昏然。先生之所以治学孤标高格，开始民居研究，正如吴良镛院士所言："此项工作在抗日战争后即开始"，故核心问题是此项研究的时代背景。亦即为什么先生要在抗战开始后进行这项以民间建筑为主，以中国老百姓自己设计、自己营造的居住建筑为主要研究对象的工作。须知，住宅之事自来罕见典籍，若做研究，必然庞杂浩繁。四川之大亦如法国面积，时少公路，全凭双脚，加之匪盗频仍，经费拮据，寒暑交织，如何来开展此工作，如何去发现民居可资一阅、可以一测，或"不过如此"，或"小有媚处"等的区别，至少要进行以下几方面的工作：第一，探知有特点的民居；第二，特点是在普通基础上产生的。即质是在量的淘汰下完成的，亦即必须走许多冤枉路。先生靠的什么力量支持如此巨大精神与物质压力？很显然，对日寇铁蹄下的故园情、对中华传统建筑文化的笃爱、对老百姓及其创造力的坚信等因素，构成支撑先生研究工作的强大精神后盾，从而令其产生永不衰竭的意志力和探索力。先生在特定年代所展开的民居研究，个中无不深含着对侵略者的藐视，并以此研究以示中华民族的创造和智慧，向世界宣言她的不可辱、不可灭的神圣。所以研究仅是现象，实质是先生对祖国和她的文化深深的眷恋及热爱。这是真正的大师。巨匠之所以能承受任何高压，是因为有锲而不舍忠贞于专业的热情，其最高境界是物我两忘，铸就炉火纯青的作品。因此，半个多世纪以来再回首四川民居的研究，至今尚没有发现一个"参观了百余所官僚、地主、富商、中农、贫农等的住宅，并择优测绘了六十多所且在几年之内调查了南溪李庄、宜宾、乐山、荣县、自流井、夹江、彭山、灌县、广汉、成都等县市建筑"[1]的个体研究者，甚至团体研究者。这是一个苦行僧般苦恋祖国文化的人格高尚者的业绩，一个伟大爱国者给人类、给祖国、给四川留下的宝贵财富。

以人说建筑豁然开朗

中国是一个没有严格意义上宗教的国度，之所以中华民族5000年不垮，靠的是文化凝聚力。建筑从文化，文化从人。故先生拿四川民居做广泛系统研究，首先以川人何处来为思维轴心，然后展开建筑的发生和发展宏大思维。凡涉及历史、礼俗、民族、人的流动迁徙、历代宅制、政权更迭等，无不动静结合。动则靠双脚遍访民间，静则博览群书、上下求索、融通为一、落脚于人。尤其川中最行销的《清代初期的移民填四川》《四川方言与巴蜀文化》（1997 年）两书中所谈的当今四川文化现状之成因、明末清初移民四川问题，先生亦在半个世纪前的民居调研中就提纲挈领地进行了阐释。他在《中国居住建筑简史》一书中关于四川住宅历代宅制一章的开头就言："清初各地移民入川，又增加了文化的复杂性，于是四川住宅形制是非常丰富了。"先生特别注意风俗，他引《隋书地理志》说蜀中习俗"小人薄于情理，父子率多异居"，又结合调研发现"现在川中别居异财，幼年析居的事仍然很多"[2]，这一观点实则把四川建筑分布格局基本廓清。

（1）"别居异财"即分家立户，必然导致农业社会分散的小体量住宅居多，但各地移民原籍不同，又增加了"文化的复杂性"、住宅形式的丰富性。因此又不会形成像北方一样的广泛聚落，所以，北方人入川皆惊异何以少见聚落，其因于此。

（2）人要交往，交换农副产品，又促使了川中场镇特别发达，清末已达近 5000 个。

（3）各省移民要联乡情、行业要自保，又催生了各省各行业会馆、祠庙的林立，其量居全国之首。

（4）场镇文化的复杂性自然衍生出空间形态的丰富性。故川中场镇五花八门，然又和谐相处；其根源在历来的"别财异居"上，亦即人对建筑影响的决定意义上。

四川是一个农业发达的社会，农业型场镇占城镇数量的绝大多数，它和整个农村住宅一起几乎覆盖了川中大地，刘先生以人和文化理顺了这根粗线条。在具体研究一宅一第时，思维的开展、文化的联想就更加宽阔深远了，也就把四川民居特点从数量调查中提炼出来。囿于明末清初天灾人祸毁尽了川中民居，所以调研之宅全为清制，则进一步地又把移民原籍各省建筑特点充分考虑进去，为后人的研究提供了宽广清晰思路并奠定了基础。

“四川盆地住宅建筑在清代初年由于闽、粤、湘、鄂、赣、黔、陕等处移民入川的结果，它的式样和内容更加丰富及多样化了。”“与他省他处住宅相比较则绝然有特殊风貌”[3]，这便是刘先生的结论。今之任何川中民居研究在此围中而不能自拔者，皆同在大学问家早已“谋筹预测”之中，学问周密缜严。高屋建瓴之处，便是人及人口构成的研究。

以环境说建筑赏心悦目

抗战入川的艺术文学家，甚至中央研究院的学者们，皆有不同方式的对川中优美自然环境的赞叹与描述。而营造学社的同仁们，梁思成、刘敦桢等亦多有这方面杰出的见解。刘致平先生对川中环境与建筑关系的叙述别出一格，让人耳目一新。最不能忘怀的是这样一句话：“西川一带是川中最富庶的地方，在岷江沿岸，山峦起伏，清流萦回，风景很是佳妙。在这种美丽殷庶的环境里很容易有优美的建筑出现。”[4]显然，先生这一充满信心的判断是对中国传统天人哲学的深刻理解。

季羡林认为，中国文化的根本特征是天人合一，是归纳的、综合的、相互维系的整体认识哲学。国人重奇山异水，怪石美树，以寺庙亭阁配置相维护，恰如古代生态保护者的绿色行为。这种影响已达几千年，濡染民众之心，久之便成民风。川人常戏言：房不怕孬，周围栽点树就好看了。所以，川中农村建新房，凡四周不种竹栽树者，必然被视为懒汉，受到社会鄙夷。若本来就是“美丽殷庶的环境”，自然就“很容易有优美的建筑出现”。这是百姓之言和大师之言看问题的两极而殊途同归之理，前者直白、朴素、原始，后者典雅、归纳、哲理。然而，正如叶燮《原诗》里说：“可言之理，人人能言之，又安在诗人之言之。可征之事，人人能述之，又安在诗人之述之。必有不可言之理，不可述之事，遇之于默会意象之表，而理与事无不灿然于前者也。”也如罗丹所言，“美到处存在，关键在于你的眼睛”。笔者亦算川中广为浪迹者，并追寻20世纪40年代刘先生所测绘之宅做学习、体验、领会。所到之处，深感先生见解的深邃，所言之理犹如学问水到渠成轻快流淌。观之令人赏心悦目，又使人感到道理的深入浅出，意会出先生当年定然有一股学者的飘逸之气。能把民间建筑研究和环境糅合在一起观察，并把它提升到充满哲理的美学境界：显然，又是人格真、善、美的流露。

这里摘录几段先生对川中景物交融的描写。

宜宾李庄："颇觉乡居景物的优美，山野村居或三五家或十数百家，连聚错落着，它的外围常种竹丛，溪水也很多，所以感觉有点江南风味。"[5]

乐山："农村住宅多三五错落在田野里，草顶木构架很经济，布置多三合头、四合头、猪圈牛栏、碾坊草堆等置在房外，很有乡村风味。"[6]

夹江："县正当青衣江出口，山水清幽，风景美好。"[7]

灌县（现为都江堰市）："风景更是优美之至，西北群山高峰终年积雪。岷江萦回荡漾，青城山、索桥、二王庙、都江堰、离堆等处全是很可观。"[8]

对建筑的文化认识近些年渐入人心，然它的根本特征，即天人合一观又常被舶来的、先锋的"理论"和辞藻搅混，搞得中国人自古以来就对大自然与人、与建筑的如一泓清水的清澈见底的认识也有些迷茫起来。其实简单得很，就是美丽的环境不能乱动，不要一说做清洁就拔草，一说建房子就砍树。这种推倒铲平重来的"改天换地"做法很多。说起来还可延伸到梁思成的北京老城保护论，那是天人合一的最高境界了，若我们统而观之营造学社学人一贯的建筑与环境认识哲学，梁先生的胆略既是对天人合一的升华，又代表了学社同仁共同心声，其核心是"保护也是一种发展的深层认识"，亦是强化中国文化根本特征的一种根本呼唤。两位先生在北京老城保护和四川自然环境保护见识上是殊途同归的，表现出老一辈建筑学家认识问题的全面性、整体性。

生态是文化，文化是生态，二者有机结合方可显示出中国文化独特性。我们住在地球上，抽开它只说建筑，或抽开建筑只说地球，一点人气不沾，似乎都少了点什么。中国老一辈建筑学家是在儒学环境里成长起来的，更何况其研究之建筑尤其是儒文化载体。因此，他们身上散发出来气息，弥漫着典雅、忍耐、温文、忠贞、缜密、深邃、仁义的温馨。拿此气质观察世界，认识生态与文态的关系，自然是发现而不是挑剔。此和传统艺术家、文学家应同理。不独四川，祖国各地美丽殷庶的环境里都很容易有优美的建筑出现。先生之谓，自可由此及彼，让人得到平凡而远大的启示，非常淋漓赏心。

以地方文化说建筑回肠荡气

吴良镛教授在论及地方文化时有很多精辟的见解，他在《开拓面向新世纪的人居环境学》一文中说："一切真正的建筑，就定义来说是区域的。""四合院建筑表面看是一种建筑形式，它对我们中国居住来说已经不仅是一种样式，而是植根于生活的深层结构，是一种居住文化的体现。"因此"对于建筑艺术创作来说，最重要的一个力量是文化的力量"。[9]

广义而言，中国于世界是区域；狭义而言，四川于全国是区域；再狭义，川东、川西、羌族地区、彝族地区等又是四川境内的区域。故古人有巴蜀之分、汉夷之别。然自古又同居一盆地及边缘内，影响数千年，皆你中有我，我中有你。所以要说个中一切物质形态之成因，均要探索共同生活于四川这个区域概念中的深层结构，这就是区域文化，或谓地方文化。

刘先生入境乡里，无论云南、四川，皆随乡入俗。虽在四川期间主要从事川西民居研究，"但是最大问题则是我们必须明了它的构成原因"，"然后才能深入与建筑互相印证而有所发现"[10]。这就是前面所言区域建筑研究必以深层结构的文化入 手，如此，方才能发现"真正的建筑"。

"乡"者，即区域，能"入俗"其间，必视其"乡"为祖国之乡，即中华的一部分。故"乡"间百姓皆为父老弟兄。这就在思想感情上"入俗"在先，与其打成一片，才不会与其研究的对象主人形成隔膜，能入俗而融洽者，是历来大师超然于小生产者、市民的学者风范。亦是历来大学问家平淡如水、简朴如斯崇高人格之所在。这和研究民间建筑更是一拍之音。唯不同者，是他们力求从民间文化中去寻觅、提炼、升华一种境界。若我们把民间建筑比成一潭清水，那么，他们则憧憬于其中升华出虹的光彩。这也是中国文人从不专事“炒作”，默默如山民躬耕，能彻底融入百姓情感决然超脱的思想源泉。当然，有如此平凡而伟大的情感，自然就能支撑乡间生活长时间的寂寞与寡淡，就能产生别人以为是超凡的意志力，而他却认为是一种人生大趣、永不疲惫的快乐，所以要把区域性的某一种研究进行下去，尤其是漂泊者在进行并非家乡的区域性研究时，需要克服的困难那实在是太多太多。然而刘先生可以如一介乡民般潜入蜀中茅屋瓦舍间，稀饭咸菜、竹席硬床，从文化角度深层挖掘蜀中建筑构成的细枝末节、蛛丝马迹。当然也就把历来蜀中民间对上僭纵逾制的“阳奉阴违”住宅形制，到细小构件的做法，方言称谓等搞得一清二楚，并制出煌煌表格、分项陈列，可谓史无前例了。此实际是川中民居文化最乡土、最民间的铺垫。凡关心中国民居者，若拿出《中国民住建筑简史——附四川住宅建筑》一书翻阅，其中四川住宅之“各作做法”诸项，偕“建筑名词对照表”“各房间架”“大小木作”，直到“特料与价值”等，无不尽精微而致广大。仅就学术态度，已够后人汗颜，此乃半世纪民居研究以来绝无仅有的，令人叹为观止。由于先生学术立场的坚稳、严谨，留给后世则不唯民居之学术了。凡涉及这一历史阶段的政治、经济、风俗等，皆可从中得到若干史资。犹如一部地方文化史，如今词只是寓民居为载体，读起来甚是回肠荡气。这些成就的得来，这些“根植于生活的深层结构”的挖掘，是因先生在研究川中民居前，即有积养很深的学术功底和全面的知识准备。唯具有此深层结构知识建构，方可进入深层结构进行认识与研究。这是不言而喻的。然而还尚嫌不足，在遇到区域性的对象时，还得“深入与建筑互相印证而有所发现”。刘先生几年下来给川中民居有如下经典结论：“四川住宅的艺术形象……它的文化有很多与其他地区不同的地方，而建筑尤为显著”。照笔者学习体会先生川中建筑研究的肤浅心得，先生有一句话在著作中多次出现，就是“僭纵逾制”。此话基本上概括了川中民居区域文化色彩，言简意赅，一话破的。无长时间、大量的调查实例作为量的基础，是不会产生此结论的，也不可能命中此区域建筑文化环中的。实在是太准确、太精炼。

“僭纵逾制”说——建筑经典之论

僭者，有三义，一曰：超越本分，下面之人拿上级的名义、器物、礼仪充正宗；二曰差失：用川方言讲，谓走辗（变动）；三曰：假，不是规范之作。纵三义必逾制。“僭”在四川住宅的演绎，对于明清以来住宅制度的变动，变通是相当普通的现象。下举先生测绘妙述：“‘陈举人府’在成都西郊犀浦……制度雕镂全是僭纵逾制。”“陈宅的设置一切全是逾制，正厅不作过道、正房间数太多、前门共作三道出入，雕饰特别繁富……这些布置说明宅主人是个很不守清代法制的人”。[11]（注：笔者近来拜访现五粮村的陈宅旧址，据本村几位老人言：陈举人连住宅兴建的银两来源都编了大套故事：言挖野坟获暴财谓天赐。可见刘先生从住宅判断“是一个很不守清代法制的人”的正确，并由此可延伸。）

成都“欢栅子朱宅”——“砖砌洋式门面，叫人有点疑惑宅内部建筑是否已经洋化。但一进去就感觉到气象不凡，纯是固有建筑艺术的精华”[12]。（注：门面尚在，内部全毁——笔者）

成都“南府街周道台府”——“平时家人出入可经由廊金柱间的侧门，这种做法有的叫作抱厅，这是成都住宅的特色。”[13]

成都“棉花街卓宰相府”——“这间架确是较比一般的住宅高大而近宗祠制度，很有点廊庙森严的感觉”[14]

广汉“营口路张宅”——“大门的中线不与正厅的中线相值、祖堂的中线也不与天井中线相值，这些中线较为错落是减少对称和呆板的弊病的好方法”[15]。

以上关于川中住宅僭纵逾制者，凡清以来修建者，经刘先生体验观察、测绘者，我们始终都可发现先生对于僭纵逾制秋毫的敏锐洞悉。可言先生研究川中民居，立脚点在于挖掘与全国各地民居不同而具特色之处。众所周知，不同特色即为创造。故“僭纵逾制”论则为创造的深层结构。或为四川民居本质之命脉，此论同时又和“四川住宅决然有其独特之处”互为表里，反复出现，极为经典地概括了作为区域文化现象的由来和发展。

这些现象的背后，在田野广泛考察之前或过程中，先生对于区域历史、社会、自然环境、人口构成等诸多方面都做了详尽探索。上至先秦土著干拦、石砌的发端，秦汉中原文化的浸染，唐宋“居民工巧逸乐享受多端”“层楼复阁，瑰琦错落，列肆而班市、万井云错”的城市繁荣，下至“川中清代住宅的制度，受陕西、华南的影响很多”的判断，更涉及“天高皇帝远”的盆地地理环境、地理封闭但物产富饶等。所以，僭纵逾制一论的凝练的透彻，高度集中地表达了四川民居及文化由来和发展的本质所在。

自汉代出土说书俑的调侃，可知历来川人生活不尚“正经”之性格，而好诙谐幽默，遇事极易“走形”。其川剧更是综合南北诸腔之大成。语言不南不北谓之西南官话，甚至饮食结构等微小之处，实在的，这些现象的深层结构无不和建筑同构，道理无不一致，问题是刘先生“僭纵逾制”论前，并没有发现有人把建筑作为文化，系统地与其他文化形态相互观照统筹兼述，看成是巴蜀文化予以深层揭示。当然，建筑的某些专业的科学性给常人造成了一些困难，尚无人有机会像刘先生一样对川中民居倾注了那样多的热情与精力，更有特定年代社会对建筑作为文化滞后的认识，尤其是不登大雅之堂的民间建筑认识。然而，刘先生超前了，且一超便入科学的整体认识方法论，这就必然提炼出极具建筑意味的词汇——僭纵逾制——此一有关川中建筑形象的生动的经典之论。

结　语

1996 年 6 月，四川省组织编写巴蜀文化系列丛书共 20 册。其中《巴蜀城镇与民居》一册编委会委托我写。写这样的书，不把刘先生对于巴蜀民居研究的思想、方法等贯穿始末是无法写下去的。书的最后这样写道：“本册子反复恭颂、引用刘先生学术品格及学术成就，目的是调研四川民居十数年时间中，始终以先生为楷模，才得以把研究工作进行下去。无论学术与品格，先生都成了我膜拜支柱。学习他对四川民居研究的思想方法、操作手段，把巴蜀文化向建筑层面拓进，方是巴蜀民居研究之根本。所以刘先生又是对巴蜀文化研究卓有贡献的大学者，是值得巴蜀子弟尊敬和爱戴的。”

历来文化研究，凡涉及空间形态者，多为易于收藏的小物件。建筑本身的研究反而还让位于建筑附属之装饰。原因自然有建筑体大无比，不易陈列之故，还有历史上建筑人工匠属性的流习，被视为下九流而不值一屑。这些弊端加之现代建筑学归类于纯工科教育，似乎不涉及政治、文化，致使建筑学教育的学术含量显得单薄。老一辈建筑学者看重建筑客观存在的时空环境，把建筑摆在一切形态的交融点上审视思考，立感学术周密、旷达、深邃。刘先生做学问，没有留给其他人过多的学术缝隙，其中之严密处即在建筑的文化层面上的排阵布势。当然这是很要功底的。此正是现代建筑学常所忽略或者回避的。因为这要花很多功夫去全面建构知识从而产生相当的高瞻性。然而老一辈建筑学家们却给后世树立了榜样。一个民族内部政权更迭是历史必然，但一个民族文化毁灭，尤其是仰仗他人文化而羞愧自己者，多是不够了解自己。殊不知这正是居心叵测者所梦寐以求的。因为它彻底摧毁了民众的精神支柱、民族凝聚力的核心。所以刘先生四川民居及文化的研究又恰如一部爱国主义的乡土教材，同时又是民族文化教材最生动的部分，为此付出了常人难及的心血，历经了千难万苦，堪称伟大者。

——发表于《华中建筑》，1999 年 04 期——

参考文献

[1]～[8]，[10]～[15]刘致平．中国居住建筑简史（附四川住宅建筑）.[M] 北京：中国建筑工程出版社，1990.

[9]《华中建筑》，1995（2）.

峨眉山寺庙与民居

秋染金林

密林伏虎

峨眉山秀美而巍峨，对园林、商业诸多方面有深远的影响。那么就寺庙建筑而言，峨眉山是否对周围的建筑尤其是民居也构成了相应的影响呢？答案是肯定的。

峨眉山周围的民居，小而言之是指各县靠近山周围的乡、村，主要是山前和左右侧的峨眉县和山后的洪雅县；大而言之是指附近县及所包括的单体、群体建筑及场镇。由于峨眉山寺庙和周围民居只是现象上的因果关系，因而它掩饰了它们之间的时间因素和心理联系因素。为了深入探讨和揭示千百年来这种建筑上发生的因果现象，本文试就“影响”一词切入心理学的观点，完善因果关系的中间环节，不揣浅陋地谈谈想法。

一

“影”，即阴影，它的原始意思是投射到地面的影子，它只有物体的外形，是平面的。

我们探讨的影，是客观事物作用于人的感官所产生的思维反映，是一种感觉，是投射到人的大脑里的影。

“响”，即反响、响应，是通过“影”这个感觉而获得的材料基础上产生的结果；它一部分是客观事物的反映，一部分是客观事物的主观表现。

峨眉山寺庙首先是一个由复杂因素构成的“形”。形影不离，无形则无影，有复杂因素构成的形，就有复杂因素构成的影。再推而论之，就有复杂因素构成的响。于是就出现了这样一个心理效应公式：

形——影——响——形

那么，后一个形，便是在以上的前提下产生的峨眉山周围的民居了。

众所周知，人对于客观世界的认识始于感觉，人借助于它，感知事物的不同属性，诸如色彩、结构、质地、光影等，不通过它就不可能知道事物存在的任何形式。因此感觉又是对客观事物的主观映像，客观事物反过来又是感觉的源泉。

然而，人是不满足于感觉的，不满足于心理发展过程只停留在感觉的初级阶段，生存和发展的需要促使他们深化这种进程。我们知道，感觉在个体发展中跟人的实践活动，首先是和劳动有关。而这些实践活动必然与实践对象产生情感意识与认识意识。愉悦的情感意识与了解事物发展规律认识意识合成一种潜在的需要，并由此激发出一种内在动机。于是动机便成了引起人们行为的直接原因。

当然，从感觉到动机的心理发展过程，到后来诉诸行为的过程中，会受到若干外部与内部的干扰和刺激。然而，强大的、不同凡响的、含有特殊属性的事物，将震撼人们心灵，并影响人们的心理发展过程。一旦条件具备，人们就会以各种方式构成和它相呼应、相协调的形式。围绕着这个具有特殊属性的事物，这个影响核心，构成与之相关的心理效应氛围，再由此衍化为相适应的社会文化圈。这里泛指的是一般情况。如果在特定的历史环境里注入特定的意识，并把这种意识和外部与内部的干扰刺激等同起来，取代人的正常心理发展过程，那么由此生成的心理效应氛围只是短暂的历史心理现象，随之而生的社会文化圈也将随着时代的发展而淡化直至泯灭。

深谷飞桥

故而“影响核心”的形成是从感觉到动机直至行为的正常心理发展过程及结果。如果更有着特殊性的一面，则更有感染力，影响力就越大，并极富延续性，笼罩着这个特定场合的气氛和情调就越浓。

在峨眉山周围生活的居民，耳濡目染寺庙建筑的雄奇壮丽，庄严优美，隐逸超脱，清幽自然，无不崇尚之至，加之与环境相得益彰，以及宗教、历史、地理、工匠、名流香客等因素，使得山周围居民的自我意识在这种特定的环境中，通过主体与诸多人与物的相互作用而形成。这种自我意识的发生和发展，实则也是对周围世界融入感情与认识的过程，前面已谈到，它必将对行为起巨大的推动作用。

以上所述，是基于客观事物对人的心理影响并由此带来的心理效应以及行为的必然性，想这就为进一步分析峨眉山寺庙对周围民居的影响提供了辩证的心理学依据。

二

峨眉山寺庙这个“形”，是客观世界与主观世界的合一体，它对周围民居的影响必然是客观与主观两个方面，是同时进行的，只是有时互为宾主，或客观为主或主观为主。但有一点，两者都不能相互独立构成影响。

寺庙是精神功能建筑，纯物质影响不复存在（相反亦之）。无论是局部构造与单体建筑，群体建筑与环境机制，通是宗教语言文字传诵与民间口头流传，或历史地理、自然现象等，都是结伴而行的。物质和精神谁也离不开谁单独闯入社会圈子。不过，这里还有一个量的问题。一般情况下，量大者的影响力大于量小者的影响力。前几年一个美国画展的广告，几十张广告贴画上下并排贴在一起，收到了比零散张贴更加夺人眼球的视觉效果。“量”是包括体量、质量、数量、精神力量等在内的总体概念，即主客观双方的量。那么，从峨眉山麓报国寺到山顶卧云庵，沿途九十千米若干寺庙所构成的这个宏观的“量”，一个跨越时间空间又融汇时间和空间的量，该是多大的量呢？其实，就是若干寺庙总和的一个宏观的精神体量。因而，峨眉山寺庙就不是某一具体寺庙的狭隘含义了，而是物质与精神的合成概念。一个庞大的、模糊的主观形象，如果联系诸环境因素在一起，峨眉山寺庙这个由量变换为“形”的量，就更加雄伟、辉煌，没有固定模式，它错综复杂，庙影重叠，煞是一幅空缈、层出不穷的精神景观了。

历史的进程和时代的变迁不断改变着这种宏观结构，并制约着微观结构的变化，淘汰与之不相容的东西。这样逐渐完善起来的精神与物质、时间与空间的结合体，是精粹纯正的，真正无“五浊”（劫浊、见浊、烦恼浊、众生浊、命浊）的“净土”，因此，它具有巨大的吸引力，故而构成多方面的影响力。我们讨论它对于民居的影响，从这个侧面看到，无论影响通过什么渠道，采取什么方式，都离不开心理影响这一具有决定意义的因素。因为峨眉山寺庙是首先作用于人的感觉后的宏观形象，影响的是人这个主体，然后又由人来完成影响的过程和结果。没有结果的影响是不完整的，它还停留在“结果”前的心理发展深化阶段。

峨眉山桂花场徐宅 1

峨眉山桂花场徐宅 2.3

因此，宏观的主观形象成因是一种心理活动的积淀过程，是主体通过视觉、触觉有选择地接收峨眉山寺庙及环境的刺激，通过神经系统编码传入大脑并随时受到来自主体心理、生理和脑机能的影响而高度整合而生成。这是一幅美妙的精神景观。就主体心理而言，它是积极主动的经感觉、知觉、记忆、思维、情绪、个性的重新肢解、分割、歪曲、调整。它已和原刺激大不一样了，而是一种符合理想的、令人期待的精神景观。这还不是一次就可以完成的，仍需反复多次才能相对完整。

精神景观如幽灵，它在那些对峨眉山深有感触的人们的思想上游荡。尤其是它周围的人，语言和行为在无形中支配和控制着他们的部分时间和空间。而时空关系的相互渗透和补充又改变和加强着他们的观念，冲击着他们的生活领域，动摇着沿袭的生活模式，以及他们自身存在的价值认识。一旦心理条件和物质条件相吻合，必然产生新的发展心理，以期求得新的心理满足，达到进一步的心理平衡。那么，山周围的民居这种空间形式，又如何逃得出“幽灵”的魔掌呢？

人类的进步与发达，是机体与环境不懈斗争而求得生存的结果。然而一切心理活动均不能超越统治者主导思想的规范太远，建筑心理亦然。峨眉山民居与寺庙的关系显示，这里面掺有历代统治者利用和鼓励的因素。这可以从影响的深度和广度得以证实，进而在民居造型“神似”上和影响的范围上得到充分体现。

三

形似是一种单向的呈水平状态的心理发展过程，心理状态处于狭窄的思维通道。它受到客体及其属性的制约，是被动的、惰性的，心理活动几乎静止在客体严格的规范之中。它不和客体以外的主、客观因素发生横向联系，是彻底的模仿，有一定的极限，因此，如果说形似也能构成深度的话，那只是一模一样而已。就是说民居和寺庙无所差异，如是则遍地皆庙了，当然那是不可想象的，所以也无所谓广度了。

峨眉山黄湾肖宅（1）

峨眉山黄湾肖宅（2）

然而神似，却是一种综合性的心理活动。它是在形似心理活动基础上生发、延伸、扩散、归纳、综合而来的心理活动。它来自客体，但不受客体制约，凌驾于客体之上，使心理活动进入广阔的想象空间，驰骋自如、积极主动。它是动机和内驱力的外在表现，是景仰崇尚、虔诚心理被激活的完成，是主体文化经历、生理、习俗、风尚、地理、历史等有机的结合与选择，是寺庙和普通民居之间的心理联系中的更高层次的心理活动，是二者之间异化的凝聚。同时又是精神景观这种宏观形象在工匠和居民（甚至和尚和过客）的头脑中能动反映的结果，它不是复制和硬套，是材料和技术的可能，是工匠们业已掌握的形式语言的新的形式探索。

因此，在形——影——响——形的心理效应公式中，最后一个“形”的形象上，就不可能出现民居和寺庙极为相似的面貌，而只是“意象”的相似，一种心理联想的相似，这便是我们常说的“神似”。比如洪雅县高庙乡一民居的造型，明显不同于四川普通民居的两坡水屋顶造型，更不是卷棚顶的双坡屋顶构造，且也不同于硬山式的有山墙齐屋面或高出层面的形态，它是4坡水的架势，却比起庑殿的4个倾斜屋面和颇具特色的歇山式屋面来，自有趣味迥异的地方。最突出之处是它的屋面和戗脊略成弓背状。形成如此结构，显然是在不失其实用功能前提下的一种美学尝试，故而得出“不知它像什么屋面”的造型效果。综其根源，仍是寺庙强大感染力感染的结果。再看峨眉县黄湾一农户，此建筑使人联想起峨眉山深山那些笼罩在林木葱茂里的庙宇及偶尔从森林缝隙里露一下脸面和探出头来的部分较高构造。黄湾农户从平房屋顶探出一个似亭非亭，似碉楼非碉楼的结构，恰是气候特点作了媒介，使人的感觉在寺庙和农户之间联系起来。因峨眉山林深雾大，阴暗潮湿，平房多有压抑气闷之感，于是纷纷建造楼房和吊脚楼。实在无法，则建筑从平房中探出头来类似的结构，真有点像闷慌了探出头来喘一口气似的。而这种气质上的内涵联系，恰是寺庙和民居共通的。因此，从山周围的民居神似寺庙这一点上来看，它的特点是：在普通民居和寺庙中，择中而就，取其神貌，大致不差。如太像庙，则有失凡夫体面；毫无联系，又流于普通民居的陋俗。于是淘汰其寺庙具有浓烈佛教味的结构、装饰等，结合自身所处环境、经济、功能要求而为之。如此，造型上下说得过去，左右也可自圆其说，爱美及要“面子”的心理兼得。所以，虽感觉事物与表现事物的心理无孔不入，不得忽视，然而又在传统哲学和文化渊源的支配之下。

这种神似的形是融汇历史、环境、社会、民俗、宗教、功能诸多因素的产物，是进化的心理活动的物化。这种神似，不可谓不深了，不可谓不“神”了。集众多因素于一空间，经千百年的心理咀嚼，水到渠成和环境浑然一体，毫无雕琢粉饰痕迹。人民乎？大匠手笔乎？

这种神似的深度是建立在心理的广度之上的，没有心理的广度形不成心理的深度。深度和广度的辩证关系显示：纵使统治者在建筑上干预了这种关系，而在另外的领域里必然同样地顽强表现着这种关系。

由此看来，要跳出形—影—响—形的心理效应圈子，显然是无法做到的。故而，类推全国名山圣寺、宏殿巨庙对周围及更远地方有影响，实属情理之中。如其不在建筑上反映出来，也会从其他方面表现出来，诸如语言服饰、器具等。其中有一点应特别重申：寺庙在宗教上的地位越高，历史越久，建筑规模（单体与群体）越大、越精美，那么，它对周围构成的心理影响在建筑上反映出来则越深、越神似。在广度上表现出来，影响着小则方圆几十里的乡村、大则百里的城镇及邻近县地区。

峨眉山凉风岗余宅

四

在“形——影——响——形”的心理效应公式里，前一个“形”是否天然应该影响后一个“形”呢？历史并不是这样的，而最早竟是后一个“形”直接影响前一个“形”。

自佛教传入中国后，供奉佛像的寺庙均为民居改造而成。《洛阳伽蓝记》所载“舍宅为寺”便是例证。民居毕竟是凡人起居场所，它不能解决佛事活动的系列问题，难以显示宗教特点。于是它借助于“塔”这种与佛教同时传入中国的空间形式，并取其某些造型特点以改造完善中国的传统民居。所以若干年下来，寺庙在单体建筑与群体建筑的造型上、格局配置上、营造方式上处处都受到传统民居的制约。而汉民族地区把民居置于中轴线上，附属建筑居于左右两房的配置，又影响并造就了寺庙建筑格局的雷同，如果我们拆去寺庙某些类似“塔”的建筑特点的细节，那将是一些什么样的建筑？显然它又回到民居建筑里来了，单体变成了独居，群体变成了院落或村落。如果再还僧于民，不就是地道的“人间”了吗？于是我们得出，应该是后一个“形”影响了前一个“形”，是民居构成了对寺庙的最早影响，寺庙建筑之本应是民居。

当然，宗教的发展和历史的进步把寺庙建筑推向更高的营造境界，它的辉煌与繁荣把民居远远地抛在了历史后面，从而反过来影响民居建筑。这种建筑现象的变化是历史的进步、文化的发展、哲学的深化、建筑的飞跃，同时也显示建筑思维的周全缜密和对思维静止的不满。它从旧的建筑模式中脱胎而出，反过来又冲击旧的建筑模式。这样的规律于今表现为西方建筑全方位冲击着中国的建筑天地，而我们应该在全方位的观照之中又做何启示呢？

——发表于《西南交通大学学报》，1988 年 04 期——

重庆碉楼类型演变

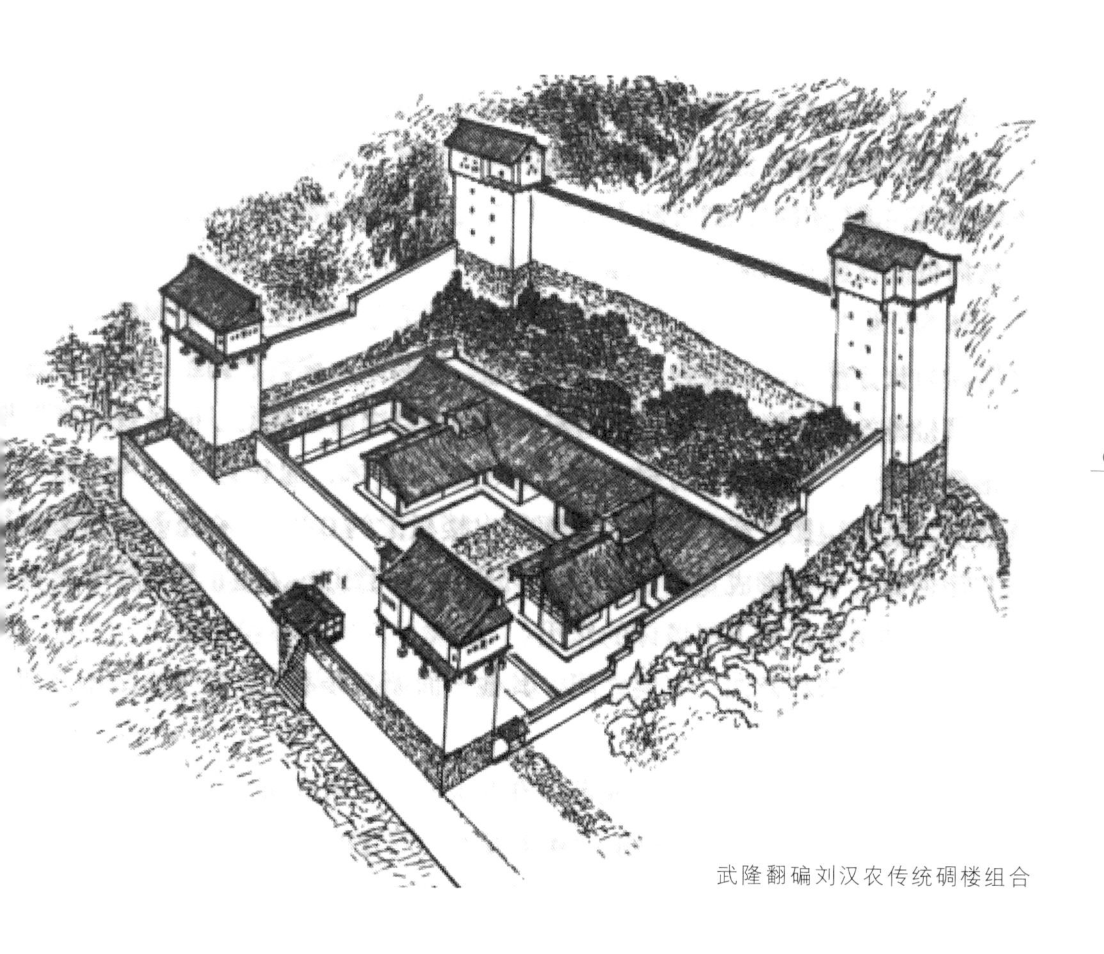

武隆翻碥刘汉农传统碉楼组合

1 重庆碉楼的形成

重庆碉楼的形成可能有两个原因：

一是，清嘉庆初年，川陕鄂三省交界地区发生白莲教农民起义，清廷为了镇压起义，颁布了若干政令，如《仁宗睿皇帝实录》卷六十九：“……嘉庆五年（1800 年）署四川总督勒保奏疏中言：‘……百姓自己出资，修筑寨堡’。”而最初提出这种坚壁清野办法的是嘉庆二年（1797）都统德楞泰，广州将军明亮的《筹令筑堡御贼疏》。做法是“在接近白莲教活动地区，劝民修筑土堡，环以深壕，其余散处村落，酌量户口多寡，以一堡集民三、四万为率，因地制宜，就民之便，或十余村联为一堡，或数村联为一堡……”上述所言，动辄就是“集民三、四万”，“数村、十余村者为一堡寨”，还要自己出钱因地制宜。显然，这里指的是修筑纳众多人口的村落为一堡寨，即寨子的御敌办法，如梁平的 14 处山寨等。然而，在接近白莲教起义地区乃至整个重庆、四川汉族习惯居住区域，至迟秦以来，农民就有单独分散居住于田野的习俗，没有血缘性自然聚落式的人口集中村落，只有以街道为特征的志缘、地缘、血缘综合性结构的场镇聚落。但是，我们看到，原下川东六县以及临近的现四川达州市县，不少山顶仍然构筑了上述寨子（堡寨），这些寨子多是嘉庆年间或以后所建。尤可叹者，这些寨子几无一例完整留存至今，就是说开建就有敷衍朝廷的做法。因为它不是村落的集体力量所建，很可能就是一家一户地摊派。或者不得已，转而发挥个体作用，或者与寨子同步强化单兵自护，广建个体碉楼……这就造成重庆接近白莲教起义地区，碉楼、堡寨存在的事实。

二是，距白莲教起义稍远一些的地方，尤其是长江南岸地区，诸如石柱、涪陵、武隆、南川、巴南、江津等地，山区碉楼多为清末至民国年间构筑。原因在封建社会崩溃时期，社会动荡，匪窜猖獗，打家劫舍，各县都啸聚着规模大小不等的匪帮。百姓生命财产无从仰仗，只有单兵自护，一家一户各自构筑五花八门碉楼以自保。另外，可能还有太平天国石达开过境等原因。所以，当地现存碉楼不少是此时期修筑的。

传统碉楼：涪陵三合院碉楼民居

传统碉楼：武隆翻碥刘汉农碉楼侧视图

传统碉楼：武隆翻碥刘汉农碉楼俯视图

2 碉楼形成的多类型化

重庆地区，包括重庆的部分土家族地区，与四川汉族地区一样，历史上居住习惯基本上不依赖血缘关系组织村落，而是散居田野，接近耕地而居。这种单家独户的民间习俗，范围之大、人口之多、历史之久在中国是很独特的人文地理现象。恰此散居状，促成了民居个性化机缘，即多样化的生存发展基础。作为物质民俗之首的住宅建筑，它必然综合反映当地的人文与自然背景，并通过宅主的文化素养、经济能力等去完善住宅的修建。因此，凡遇到有安全之虞的时候，就只有各自为政，单兵自护了。众所周知，作为民居的空间自我保护，即设防表达的最佳方式与形态，仍然是围合。我们从成都牧马山出土的东汉《庭院》画像砖图像中可以看到，那时候就有廊道加墙围合及碉楼原形望楼的空间设防有机结合。于是，散居在川渝，至东汉起，就卓有成效地构筑起民居形形色色的围合空间。显然，民居设防在此时已相当成熟，并延至民国，近两千年。

居住围合，是一种非常复杂的空间现象，碉楼说到底仍归属于围合空间范畴。软性的涉及社会、家庭、工匠等因素，硬性的涉及气候、环境、材质等方面，尤其冷兵器和现代火器交替的清末至民国年间，对于设防与建筑必然提出新的设计思考，并对传统的设防空间做出相应的适应性调整，甚至因地制宜地设计出全新的以设防为主的新型民居。无疑，重庆部分农村民居功能相互借鉴、调整、融合创新，呈现出一种多样化的格局，因其数量甚巨，渐自蕴含类型化于其中。现大致介绍如下（不做学术定论，主要便于叙述）。

2.1 传统碉楼

中国古代碉楼，以方形见多。资料表明，从南到北均有各类碉楼图像、明器面世。巴蜀地区更是一个方形碉楼、望楼建筑形态常见的地区。略有不同的是：汉代碉楼，包括藏羌地区，多呈下宽上窄收分状。而现在汉族地区碉楼却呈上下一样、宽窄同尺的方形状。因此，就方形这一基本特征而言，理当谓之传统，谓之正宗。更重要者在于等边方形可均匀分散进攻力量。若长方形则易造成进攻集中在窄面。另外，方形建筑在抗地震抗压作用力上也优于长方形。所以，我们把重庆地区，大致9m以下（不包括9m）边长的方形者称为传统碉楼。其量大形多，有家碉、界碉、哨碉、风水碉之分，是碉楼的主流形态。所以，把现今重庆地区民间混称碉楼、炮楼、箭楼、寨子等的设防建筑分离出占大部分的前述者为传统碉楼的依据在同一地区设防文化古今传承的脉络上。

重庆传统碉楼，一般情况下，多在木质结构民居基础上，选择正房左、右角，尤其左角，或合院正房左角、合院四角，周边修建1～4个不等数量的碉楼。它们以方形为正宗，附置于主宅，如哨兵卫士般地护卫着主宅，不常住人。高5层（也有3层4层的），层高2.3m～3m，多夯土，少石砌，砖石结构。内部木构框架，多歇山屋顶，也有少量庑殿，攒尖，悬山顶，顶层往往是造型亮点，做瞭望、休闲等用。亦有1角、对角、单边、双边等形式，绕碉一周，挑廊多式做室外设防用，同时赋予了空间的美学元素，显得非

传统碉楼：涪陵新妙碉楼

传统碉楼：涪陵 开平刘碉楼

常亲善而非充满敌意，是乡土设防建筑“仁”者为本、施以文攻武卫的空间诠释。

重庆传统碉楼于兴建高潮期的清末至民国年间，几乎覆盖全境，1939年刘敦桢教授在北碚就发现过碉楼，这引起他很大兴趣（《刘敦桢文集·三》）。估计当时上千例数量是可能的。有资料反映，仅涪陵现存各式碉楼就有189座，其中大部分为传统碉楼。还有万州、石柱、南川、武隆、巴南、江津、璧山等地也分布数量不等的碉楼，推测重庆境内尚存碉楼约250座。个中优秀者多多，各地均有口碑传诵，尤以武隆长坪翻碥刘汉农碉楼独树一帜，在庄园四角的 4 个碉楼顶上各建了一座硬山房屋。其造型之华丽，形态之卓绝，堪称传统碉楼的巅峰，可惜已于近年被当地有关人员拆毁。

最后，值得补充的是，很多碉楼外墙出现一种淡蓝色调，显得雅致而恬美。原因在清代民国年间，民间多有染坊，凡染蓝色布匹者，必用一种靛蓝的有机染料，其下脚废料往往与石灰浆混合涂抹夯土碉楼外墙，竟成为设防建筑一种外观时尚。

2.2 大碉楼

大碉楼和传统碉楼不同：一是这部分碉楼建筑尺寸大于传统碉楼，即指平面尺寸 10 ～ 25 米。二是大碉楼内部平面划分与空间组合出现与传统碉楼截然不同的结构与网络、形状与神态。它们基本按照九宫格制式理念，确立方位、祖堂、上房、下房、厢房等人伦空间。开间有的不足3m，内部靠深桶式天井采光、排水去潮，一般 3 ～ 4 层，穿斗木结构。就是说这是常住人的独立成栋的住宅。它与传统碉楼不常住人的依附性有本质区别。三是设防，总体各层与顶层互通有无，形成一体，重点在顶层设防。比如，除各层都开射击孔外，对于已进犯到墙根的敌人，投掷与射击的打击及各点面的相互支持，主要放在墙体顶端与内屋面之间的空隙处。所以，顶层空间是敞亮的、无障碍的。有的碉楼太大，如涪陵大顺乡瞿九畴宅，有25平方米，则在内墙四周采取隐廊作法构成与顶层各层为一体的立体循环设防。

以上三点是传统碉楼无法实现的，所以，它须分类成独立系统。更有学者认为，这是历史上巴蜀以家庭为单位的散居民俗在夯土设防建筑上的一种极致。它和福建聚族而居的方形土楼是两类乡土民居空间不同的人文发展，故不能同日而语，虽然他们之间有很多共同之处。如此，就构成了巴渝、巴蜀甚至全国一类独具特色的民居品种，尤其是10米左右见方者最显特色，很可能是熊猫般类型。虽然数量较少，估计在10栋之内，但构成了保护发展特色资源基础。此类以夯土结构为主的大碉楼主要分布在涪陵南部丘陵所谓坪上地区。万州分水地区，丰都董家场也有少部分石砌结构大碉楼分布。

另外，本地习惯称大碉楼为寨子者，容易混淆另一类建立在山顶的更大型的围合设防形态，即本文前述之“寨堡”者。如前述梁平的14处寨子。

传统碉楼：江津紫云夯土碉楼

传统碉楼：涪陵大顺乡王家湾大碉楼

传统碉楼：涪陵大顺乡瞿九畴宅碉楼

涪陵黄笃生近代设防民居

2.3 设防民居

除传统碉楼与大碉楼之外，民间还大量存在各形各色的当地也称为碉楼、楼子、寨子的民居，它们多独栋建于山顶，设射击孔，具有投掷、观察以及通风采光功能。它们附设在住宅一角或两角，或重要角度。碉楼与主宅形成和谐一体，墙体互相有机衔接，材质与结构与传统碉楼无异，多夯土，少石砌。但平面无方形，而多长方形或其他不规则形，体量一般大于传统碉楼。之所以称设防民居，在于夯土和石砌墙体上加建或设计了具有防御功能的射击孔和投掷、观察窗。它是一种与传统碉楼具有同等设防功能的住宅，实质是夯土、石砌民居与碉楼的结合体。这些民居，富含碉楼基因，是设防空间创造性发展，也是特殊年代背景下，生活、生产、设防空间关系肌理性融会发展的作品。一家一模样，户户皆新意，是外观最具美学价值部分，也是设防空间思维乡土版的集大成、百姓建筑师的作品。它分布上以涪陵南部山区为主，并涉巴南、南川交界地区。

2.4 近代设防民居

还有一类被称为“洋房子”的多建于民国时期的设防民居，建筑学上谓之“近代建筑”。空间特征中西合璧，多为砖木结构，建有庑殿或歇山屋顶，为当时的一种时髦模式，多为上层人物所建。重庆开埠较早，受西方建筑文化影响深远，各县边远地区几乎都能见到它的蛛丝马迹。不少建筑仿学沿海做法，多连续拱廊式，结合融会乡土题材及技艺。比如，像南川大观的张之远宅、涪陵区惠民场的黄笃生宅、朱砂坪的刘作勤宅等。这些“洋房子”就把当地的碉楼巧妙地揉进建筑而毫不显生硬而多余，或置于四角，或屹立屋顶，彰显了乡土建筑文化与外来文化的互相亲和力。也是设防建筑别开生面的发展，但数量较少。

3 值得保护的重庆碉楼

综上，在建筑上作碉楼分类，是保护乡土文化、延续民族文化血脉、挖掘历史建筑资源的探索之为。如果笼统提碉楼、寨子等，将给社会一个模糊的空间与形态概念，让人分不清碉楼里面还有那样多内容，从而损失了碉楼的多样性和丰富性，以及一段重庆地区十分珍贵的乡土建筑史、民俗史和相关的非物质文化。重庆碉楼建筑是非常人格化而独具地域气质的，它充分展现了重庆人的刚毅、幽默和智慧。虽为苍苍黄土之身，然而，单从设防的技巧与艺术上看，就是一部丰厚的大书。除了上述继承古典方形均等设防之外，涪陵大顺瞿九畴碉楼的隐廊，江津会龙庄碉楼迷惑犯敌的重檐与楼层的错位，可诱导敌方对碉内误判。龙潭碉楼墙体内交叉凿洞射击死角，以及千变万化的木制、石制射击孔模子。挑廊底板用石制代替木板以防下面射击等，均从细节上展示了设防精准的行事风范。就是在吉祥尺度的广泛崇拜上，往往尾数都用“9”，如碉楼面宽 1 丈 9 尺（注：一丈≈ 3.33 米，一尺≈ 33 厘米）、1 丈零 9 寸等。祈求的是碉楼设防的“久”远内涵，透露出一种无奈但善良的民风。这些都是人格化的细节，非常值得品读、品味。更何况它的历史、科学、艺术方面的价值，在碉楼行将全面退废、毁灭之际，亟须把抢救措施摆在诸事之先。乡愁之念，正是本文的核心追求。想来重庆碉楼浓郁的乡愁资源不会被灭失。

——《重庆建筑》，2016 年 05 期——

巴蜀方言中悟出的建筑情理

峨眉山大峨寺下玉液泉边有一农民个体商户，其房屋风姿绰约，依势就形，表达通畅，顺之天成，使人久久不能忘怀。它虽然平淡、简单，没有振聋发聩的魅力，但那恬淡、天真、质朴所刻画出来的谐趣、意趣和情趣，却使人感到像欧阳修在《书梅圣俞稿后》一文中所说的“陶畅酣适，不知手足之将鼓舞也”一样，有些情不自禁，忍不住描摹之称赞之。

此建筑取名“真泉旅舍”，因一眼泉水从室内上山出口处左侧冒出而得名。它立在半山上，横山道路穿堂而过，有一名“万福桥”的石桥连接着道路和堂口，潺潺山溪从桥下匆匆流过。道路、桥头、屋檐、堂口、门栏汇在一起，你即我，我即你，难以分清。稍一定神，忽闪出一块小天地，被一直角形美人靠拦住，原来已进入别人的家了。惊疑之中，一农妇笑脸迎出，喊坐端茶。大木厚桌，板凳宽椅，松烟楠雾，野菜红椒，被山风、泉声、笑语、厨味所缭绕。人们说建筑是凝固的音乐，此时此刻这些民歌小调的音符风聚云汇，情韵悠长，众音齐奏，意味无穷一般，使人觉得通灵感物，万物皆化，一梁一柱极有情致。正如孔子所感叹“不图为乐之至于斯也”！

（论语）好不容易从“凝固”中解脱出来，理性看周遭，这原是一户五位一体的穿斗民居，内设有饭店、茶肆、商店、旅舍。主人住在里面，一楼一底。所有朝山客都得从楼下通过，阴晴雨雾、四时寒暑，进来便有一阵温馨之气，流连其间，依依不舍。由此想来，造房主人是用了一番心思的。建筑能挽留匆匆过客于片刻，接着诱之用茶用饭，甚至小住一晚，这是很有趣味的一件事。联想到四川方言中的有些谐说，本文试作一二探究。附会之处，权当胡说。

峨眉山神水阁杨宅

回水沱

江河流到地形凹进去的地方，形成水湾，江面忽然开阔起来。那里往往水流平缓，风平浪微，是理想的建立港口地方。如重庆长江边的唐家沱，北碚嘉陵江边的毛背沱，这便是人们常说的“回水沱”。这里船舶如云，商贾盘旋，往往形成集镇和城市。

道路犹如河床，人流似水流。道路到稍为宽敞的地方（山区尤其如此）人就在那里设法配置对象，让人缓行，给人流以缓冲。窄河行舟，络绎相属，缺乏安全感。一旦得一宽裕之域，便降帆收桨，求得喘息和依托，亦能择地礼让，以求大家相安。这种“德”“礼”交融大约要追溯到殷周时代。殷人提出“德”这个维护统治的中心骨干思想，主要是强调内心要有修养，做事适宜，相互过得去，无愧于心。那么“礼”则是一种行为规范了。就是说，要达到“礼”的要求，就必须要有很好的“德”的修养为前提。反之，如果要完成德的修养，就必需有“礼”来作为规范。它们作用不同，相辅相成。几千年来，这种“德”“礼”思想渗透每一个角落，渗透衣食住行。这是中华思想极其宝贵的精神财富。由此来看狭河窄道行舟走人，难以兼容。故得其宽河富道相互礼让，则实为国民美德之延续。

如果此路为人流的常兴之道，人要吃住休息以壮行程、避风雨、淡劳累、美情绪。于是略宽者置凳，稍宽者搭棚，较宽者造房，大宽者集镇。不亦乐乎，均设其对象于回旋余地大的地方，这便成了人流的回水沱。

你看，漂木浮材，大鱼小虾都汇集在回水沱里来了，难怪四川有一句偏爱家乡的说法：“×× 是个回水沱，浪子百年始回来。”我想，那些把没有河海的城市叫码头和海关，也恐怕是此理吧。

真泉旅舍引人流入室内，纳“德”“礼”于咫尺。不做一条黑巷子让人穿过，不断其通道让人绕道，却巧妙地利用回水沱这一特点，既开拓了空间，更有机地融合了室内外空间，使里里外外通融一体。进得屋来，宽松中弥漫着融洽气氛，主客意见得到交融。无丝毫强加于人之感，犹如无声之絮语，有娓娓叙来之真情真意。即使无人接待应酬，背后也似乎有一张笑容可掬的热情之脸。进而，你会如流水回旋于室内，濒临美人靠四下顾盼，流连于峨眉山的山峦白云间，神驰于物我两忘的诗情画意之美妙境界。

如果没有建筑的如此构思，怎能烘托出如此自然而纯真的意境？我想起车尔尼雪夫斯基说过的一句话——“最好的蜜是从蜂巢里自动流出来的”，细嚼起来真是乐趣无穷。

由是“回水沱”这种潜意识牵动着人们的行为动机，于是我就展开了想象的翅膀，那些人流汹涌又无“回水沱”的地方，能否也像桥连结着路一样，把路变宽，变成人为的回水沱呢？当然，历史早就是如此了。比如峨眉山的凉风岗和其他一些山道旁的民居，以及现代立交桥的设计。有的干脆就断水盖房，成了“吊脚楼”。

挡道卖

四川方言“挡道卖”，意指经商者的一种霸气，也就是霸道。它违背公意，破坏惯例，践踏风尚。置众多商家不顾，我行我素，独霸人流集中的岸口。含有贬义，有“好狗不挡大路”之骂，实为民风不容、世俗所讥。这大概是霸道的其中一层原始意义。

任何事物，都含有积极和消极两个因素。消极因素若加以诱导有时会向积极方面转化，所以，现象上看来，似乎“挡道卖”是一种霸气，一种蛮横之气，然而真泉旅舍以建筑为中介，化消极因素为积极因素，利用挡道卖的商业优势，巧妙地在建筑上避开了人们心理上对霸道的厌恶情绪。不仅霸气全无，还收到了妙趣横生的谐趣、意趣、情趣多种效果。亦如国画大师潘天寿先生的构图：一巨石塞满画幅，初看霸悍遮天，“凶气”逼人。然待稍加注视，你就觉得山花野草，瘦竹铁梅疏通其间，参差有致，错落天成。回首再看则惊呼“霸道！霸道！奇险！奇险！”，一反诸平庸四平八稳构图，而成为近现代中国画诸家之典范。真泉旅舍以建筑诠释“霸道”取其对原始含义的疏导作解，潘先生以绘画扬其“霸道”的独到手法，取其对一种极端的精神境界的诠释，构成了同一趣味的审美境界，殊途同归也。

那么，真泉旅舍是如何利用“挡道卖”的商业优势，化霸道为通道的呢？这里让我们设身处地以房主的身份、以彼时彼地的心理在造房构思上做一些反思。

峨眉山神水阁杨宅砌堡坎架桥建房

其一，封闭山道两边立面，让人绕道而行；其二，切断“回水沱”和通道的联系，留一条黑巷子；其三，在黑巷子里开门引入“回水沱”；其四，封闭一端的一道门，让人吃饱喝足再绕道而行。事实上，以上诸点都含有霸道遗风。不是不让人行，就是让人行得不愉快，或干脆拒人于门外，或赶别人快走。心术之内核，乃是霸意昭昭。然房主人深刻洞悉，房子是横骑在千百万人川流不息的大道上，稍有疏忽便会招来社会谴责。因此，融公理和良愿于一炉，疏霸道、挡道卖于一体，收到了“挡”而不“霸”，“阻”而不“塞”的空间效果。再加上巧以环境联系，配以屋内对象疏通，造成共享气氛通融，主人待客笑脸真诚。如此情理，何来愤愤然于建筑之霸道？人情绪淡化的结果，往往是处于一种静谧、优美、协调、轻松的氛围之中。这时候，人的思绪多是发现而不是挑剔，多是美的动情而不是邪恶的泛起。随之而升华的人类最根本也是最美丽的灵魂重新得到回味和肯定……我想建筑之所以为艺术之本，大概也有此理吧。哪怕它是最原始的、最土风的艺术，哪怕它是茅草窝棚、黑瓦粉墙。

由此，人的归宿意识通过对建筑的体验和审美得以召唤。于是人类就在若干的建筑活动中进行更多形式的探索和拓展。就其“挡”而不“霸”的利用和创造这一点来说，建筑历史实践已渗透各种功能的空间构造。比如寺庙的庙门、过街楼、风雨桥、城门洞，等等，它们都和真泉旅舍有异曲同工之处。更有人则覆盖一条街，诸如成都商业场、重庆群林市场（现已不存）。当然，那又是从“静”的空间形式向“闹”的空间形式转变的，更加符合现代人意识的一种必然结果了。可以预见这些空间组合形式，随着传统商业区的难以转移和用地限制等诸多因素，以及经济活动的日趋繁荣，是会有一定程度发展的。

斜开门

建筑和其他艺术语言一样，贵在含蓄、隐喻，贵在有意无意之中引君入室。如能有芳醉慢慢袭来则更当上乘了。此时此刻，倘若露天行走爬山，感觉空旷有余，遮掩不足，心里定然有暂时求得庇荫的要求。忽然见道路伸进一户人家，高兴之中顿生疑窦，定然也有想进去看看并产生为什么路会伸进人家里去的想法和疑问。但是，任何人都怕有“私闯民宅”的嫌疑。然而真泉旅舍却以若干极为真挚、朴实、简略的符号告诉你：“大可不必迟疑，请君入室休息”。

在众多“符号”中，有一处是不太惹人注意的，它含蓄中隐潜着谦恭，这便是桥当头门口的斜立面。此是上山的必由之路，也是旅舍的家门。“门”而无门，已构成公共通道的入口。进出口一样的宽窄尺度本已足够应付游人的出入，然而主人却别有一番心思地开了一个半边八字门。这就大为宽松了游人心理，又改变了通道的“公共”形体和形象，更融通道、回水沱为一体。而且此门更顺乎水流之潜意识，人流之习惯，人如游鱼顺流而行被“挡”入饭厅空间而回旋，不自觉地就会被“美人靠”俘虏。上山本来就累，得此惬意环境，意志稍有懈怠便会持有“多坐一会”之心理。主人如趁机笑脸恭迎，施展生意术，那么人是愿意在情景极为融洽的气氛中达成合作的。这里不能说一点也没有建筑上的作用，更不能说没有建筑上巧妙构思和建筑心理上的作用。这半边八字斜开门除了以上缘由之外，我想其微妙之理是否还有人的纵横观念在作祟呢？

人的思维总是有一点惰性的，顺其天然而思之，轻松、舒服、不费多少脑筋。若思维受到阻碍，前面横着一道难题，那么和通畅之道比较起来，在思维和行为上显然要费周折得多。比如前面一道横栏或乱石挡住去路，你至少是要三思，或跨越、或屈身、或绕道、或转身，或兼而有之、或取其一二而就。麻烦中蕴含着风险，不过去又不行。于是厌恶心理使思维变得沉重，使行为负担增加。虽越过障碍而舒畅，却在脑里留下阴影，这是“横”所带来的不足。相反，若前面坦荡如砥，无丝毫阻碍一纵百里，这种情况往往使人思维空白，径直朝前走便是，思维惰性到了极致，也会使人觉得轻松得过于平淡。

传统思想意识在对待事物的认识上，总是不在事物发展的两极上多探

桥头细部

究。而理性认识的核心是自圆其说，这里我不敢奢谈中庸二字。至少，不横不纵是中庸的旁枝斜出。我们从斜八字门窥见这一传统意识，仍能有这样强劲的感受，并在这局部构造上得到恰当的表达。我们看，门的斜立面朝通道稍为“阻”了一下，但并没有“塞”，反倒起了导“流”的作用。这作用完全是在不横着阻死信道又给信道平添一点乐趣、三者共有的意识上产生的，而这种意识又是人们共有的意识。相同意识在这山道旁碰在一起，何有矛盾相生呢？又为何不情投意合呢？所谓心灵的共鸣大概就是如此。我想纵横意识被主人用得巧妙了，人们的中庸思想得到满足了，笔者也以同一思想去审美了。在同一事物上人们达到同一审美境界，往往就物我两忘、通灵感物。

真泉旅舍一看就是一个颇具有社会与人生经验的主人所创。他深刻洞悉此中微妙情理，于是在门口接桥头的处理上，把人的习惯尺度感纳入情理考虑，即退一根柱子进室内往临近桥头左侧的一柱，和它联结成斜立面，这就使门口和桥面宽度变得一致，它似乎紧缩了一点室内空间，却恰是由此使室内空间变得自然而不呆板。不仅如此，还产生了以下几点趣味：由于门口的桥面宽度一样，使桥上行人安全感加强。“横”挡着大路和窄门口的感觉荡然无存。二是斜立面拓宽了视觉面和采光面。开在斜立面上半部分的商店里的五颜六色商品，在人未进入室内前就得到了反馈。

总之，四川方言里有着十分丰富和幽默的词汇用于对诸种事物的表述。我们取其一二作为楔子来欣赏和剖析一间民居，是一种研究趣味的尝试，也是试图破一破学究气研究的艰深。显然这是力不从心的，不过，当成摆龙门阵，当成人们茶余饭后的消遣。若真达到那一步，建筑作为科学和艺术就真正到了辉煌的时候了。

——发表于《南方建筑》，1988 年——

隐居蜀中桃花源

任何一类的建筑都有其产生和发展的过程。建筑是由人这样的主体，经思考之后而形成的物质空间，而人的文化层次又决定着建筑品位和文化内涵。建筑无论在何处，即使在深山，也是明珠。刘致平先生20世纪40年代以中国营造学社学人身份考察四川住宅时，经彭山江口得陈家花园一例，判评其为“山居……别墅……有山石林泉乐趣……庄园……早年花园类型，很可贵的实例”（刘致平《中国民居简史》）。刘先生所展示的模式，给我们分析陈家花园的形成提供了主人思想探索的空间背景。

陈家花园主人陈希虞先生是当年推翻清朝在四川统治的斗士。川中革命元老张秀熟评价:“……不仅是辛亥革命党人的先驱,也是反袁的斗士。”像这样一个革命党人何以不周旋于官场，反而回旋于山野呢？终其思想根源，恐上推至以孔子为主诸子百家的传统思想影响，下至留学日本又受到西方文明熏染的结果。先生是一个中西思想并存的复杂体，同时又是身处封建时代末期、新文化运动方兴未艾的特殊历史时代，中国知识分子普遍心态和行为矛盾的一类典型。它涵括了传统思想中以人“仁”为核心的方方面面，诸如恕、礼、智、勇、恭、宽、信、敏、惠等，又掺杂着民主、民权、民生的朴素追求，这可以从陈先生生前的言行窥见一斑。

陈先生早年就读于日本早稻田大学，与孙中山、黄兴交往甚密，并参加同盟会。回国后他在彭山举起反清义旗，宣告彭山独立。宋教仁被暗杀后，他率师生游行，守护灵堂。这样的反封建拥共和的急先锋，却又拒绝孙中山邀其到南方政府做官的盛情。后来他更是辞去在成都的公职，索性退避深山，“不求闻达于诸侯”，被视为“川中八怪”之一。这和他厌恶“二刘之战”，书赠刘文辉“两军混战，生灵涂炭”八个字的护民安境，憎恨腐败，不违心去做有损人格的事的良心秉性同出一脉。隐退山林后，他杜绝车马，躬读深丘，敷衍到山庄谒拜的权势，并谓之俗客，常有嘲弄奚落趣事轶出。而对师生、邻里、学友、脚夫却视为知己，谈笑风生，厚礼相待，透溢出生机勃勃的人生朝气，洋溢着朴素的民主情调，以及与民同伍、与民同乐的“大同”意识。退居农村回到人民之中，以大自然为依托，自营隐士氛围，模拟陶渊明“心远地自偏”“采菊东篱下，悠然见南山”的时空境界，更把六朝文士孔稚圭视为偶像，推崇他《北山移文》中的思想：“夫以云耿介推俗之标，潇洒出尘之想，度白云以方洁，于青云而直上，吾方知之矣。”这是一个现代隐士的形象，一种偏安一隅的心境。

以上叙述陈先生言行，再反过来检索对应孔子“仁”的思想诸点，发现处处都相似。再则，上述似乎和儒家主张“进”“入世”有矛盾。其实中国哲学正是诸家观点兼容并存的对立统一体。以退为进，无为而寓大为，不独是道家才有的哲学。因此，本质上陈先生仍是儒家思想支配着心态言行。当然，这和官场失意，被动野居山林、削发而隐为僧者有极大的区别，是一种主动的遁世行为。与其说“羁鸟恋旧林”，不如说“不为五斗米折腰”，行为之因，隐含了对现实社会的不满，力图通过对《归园田居》的思想寄托，解脱人生烦恼。这恐怕是那个时代很大一部分知识分子的真实心境。于是，从陈家花园草木繁盛的景象和封建时代文人墨客私家园林的封闭脆弱格局比较可以看出，前者属动态欢畅的情调，后者是苍白凝滞之格局。人们若观之，会发现前者亲切、后者隔膜。亲疏之野，界限俨然。自然，这就产生了陈家花园格局景观布置绿化内容诸方面的大众性，以及作为园林的最初性和原始性。

刘致平教授谈山庄时有这样一段话很值得玩味：“平坦的山腰里，在那里筑有三合头房一所，背着山峰，面向山峦，周围种些奇花异树，正房露向天井之间，带前廊，左右耳房满贮图书，是陈先生读书的地方。开窗见山，景致极幽。宅是民国初年建的，工料还不差，仅是木柱纤细，步架窄小是清末制度。山上空地常种些果树，蔬菜……”（刘致平《中国居住建筑简史》）而陈先生四子陈全信也在《陈家花园及其主人》文章中谈道：花园中“寿泉山庄”“三友精舍”均系普通三合头民居，格局、装修和农舍毫无二致，步架窄小，木柱纤细，然先生藏书于此，周围“奇花异草，果树蔬菜”，自寻农家乐情趣。严格来说，此并无园林、花园意义，仅是川中极为平常的农家而已，充其量赋予了两农舍各一雅号，但是作为完善了农舍之间二三百平方米大片空地的内容，作为加强花园构思中两宅骨干建筑的联系，则就在内容上产生了星聚楼、花架、龙门、荷塘、柳堤、桥、碑、佛姥台、网球场等精神价值与使用价值或两者殊为平衡的空间。这里面不做一般园林故意盘曲迂回，一切因地制宜，毫无拘泥，以自然雅洁为宗旨。其在花园里开辟了一个网球场，仿佛有些不伦不类，恰如此，点出了主人身份、文化层次和一般不易被人察觉的20世纪二三十年代巴蜀风中的“舶来味”。总体而言，花园格局兼容了古典遗制中轴仪轨及佛教内容，精心安排中亦可窥视过去瞬息万变中的一种彷徨苦闷的空虚，一种苦闷解脱法。就特定人物而言，虽有百般之法，然陈先生选择了“归去来兮”之法。走向民间，回归大自然，在那里去建立一切统归于自由的净土。自然就趋向布衣生活，参禅事佛，回到农业文明的精神乐土中了。于是我们从这种文明的鼻祖孔子那里找到了先生的思想根源，只不过先生是一个受过西方文明熏陶的农业文明的忠诚者而已。刘致平教授从建筑学的角度说其是“早年花园类型之一”，则在时间上进一步地诠释了这种影响，亦是准确的见解。

四川园林谓之中国四大园林之一，其成熟为世共识，其风格、特色均有独到的个性，尤其川西文人园林，把园林艺术推向很高的境界。特征是飘逸潇洒、不拘成法、对比跌宕、天人合一。陈家花园虽无金碧的楼阁亭榭，雅致的假山桥栏，然比较上述则处处皆有。只是依稀朦胧，似是而非。民居中隐藏着奇花异草，菜园果林中分散着楼台花架，造型随意到极致，空间形体也悄然与自然和谐相处。今观峨眉山伏虎寺前的山门牌楼布置以及广大农村过去桥头、山梁大树下的点缀——一两茅亭，三五几块石桌，其内涵何其相似！何其异曲同工！因此，陈家花园又具有反映川人诙谐性格的侧面。若有心人辗转巴蜀农舍青山绿水之间，洞悉其荷塘、竹林、杂树、篱笆之侧，种花爱草，修路搭桥，其面貌不独陈家才有，张家、李家皆然。唯是用地宽，才有雅号之亭阁、佛台和网球场之类。若除去这般，岂不彻底农舍而已。实在是和官贾私家园林之奢华不可同日而语，真正大手笔也。弥足珍贵者尤优于此。

园林起源于“囿”“苑”，古时亦称菜园和动物饲养场。《大戴礼记·夏小正》：“囿有见韭”“有墙曰囿”。囿、园、圃、苑都有相通之处，常在见解中互补而用。所以说园子里栽满花草之类，民间称花园，自由闲趣逸情之谓。深究者辟园做建筑、做山水，把花园概念夸而大之。说花园太遥远而小气，园林之称油然而生，不过是囿、园的深化。陈家花园里种了大片的蔬菜果林，刘致平教授说：“生产相当可观。”足见古风弥漫，有文化的农人家园是也。囿四周还有垣篱，陈家花园房舍边有象征性的篱笆，通体与山野连成一片，更和现代园林大左其趣。这里便是人间烟火，鸡犬之声相闻。而商贾富豪、政客骚人私园，清闲静止，四周高墙，神秘莫测。若用中国画的手法比较，一个是大写意，一个是工笔画。工笔精微极致也不乏妙趣横生之处，但少淋漓痛快，一吐心中块垒的气势，而是娓娓之声，慢慢叙来。太精雕细刻之笔，多有使人受不了的弯酸，里面隐藏着显富、炫耀权势的浊笔。若在园里种些蔬菜之类，岂不有布衣之嫌，那该是多丢人现眼的事。所以，陈先生治园，纳此时此地心境与背景于一境，包括了阅历、秉性、素养在内。大笔挥挥，恣意放纵，恰如写意。而园中置网球场，这又和20世纪二三十年代留洋回来的知识分子中，有的在修房子建屋的装饰上，搬弄西方建筑几何形泥塑雕刻于建筑细部，有异曲同工之妙。不可把网球场体育设施和上述同理而证，但在文化气息上，仅如中国画中加入了西洋画的点染，总体感受上仍是传统的中国情调。儒学是一种研究人的学问，这在当前仍是有意义和价值的，它“天人合一”的思想是顺应和谐和人与自然关系的沟通，也是它的人文主义哲学与天道哲学的沟通。儒学的精神实质是任何人的天性中，有诸多善良而美好观念。诸如前述礼、智、勇、恭、宽……，这些文化精华正是商业社会所必需的。在物欲横流的世界中，通过陈家花园物与人的观照，反映了以仁学思想为核心的内涵、儒家的精神，尤其在自然生态严重破坏的景况下，显得特别具有积极意义。儒家的这种积极因素，对于人类如何对付后现代社会的挑战，弥补西方思想的局限，具有超越民族界限的作用和意义。

——发表于《彭山报》，1993年——

羌族民居主室中心柱窥视

羌族的各种民居类型中，包括一般石砌民居、碉楼民居、夯土民居、人字坡屋顶民居都存在一种独特现象，即在主室内的中央竖立起一根支撑着木梁的木柱。无论是将底层作为主室或将二层作为主室，亦同样置柱于室内对角轴线的中间，并与火塘对角、角角神平面顶端构成一条轴线。而中心柱又不是各层的通柱，且仅限于羌人活动的主要空间中心，空间也不论大小，若 6 米以上则不少人家发展成距中心位置等距离的双柱。房间更大则发展为 4 柱，当然，从数量上言，4 柱少一些。然而这种羌族民居主室中心构成的 1 柱、2 柱、4 柱现象系列以及由此产生的神秘气氛，甚至于房间中心立一根柱子带来空间的不好使用等，却给我们提出诸多问题。

为什么羌族民居主室普遍有中心柱而不在其他房间？它从何而来？西南或西北，古代氐羌族系后裔民居主室内是否也存在这种现象？这种现象能否说明以川西北、岷江上游地区羌族民居中心柱的布局为古制之最的延续？是否直接承袭上古农牧兼营时代穴居式的隧道式窑洞及帐幕制度的渊源？甚至仰韶时半坡人茅屋的遗制？那么它和石窑寺里的中心柱又有何关系？等等。面对种种艰深问题，笔者才疏学浅，仅能就有限的现象积累中做些联系以推测，难免谬误丛生。

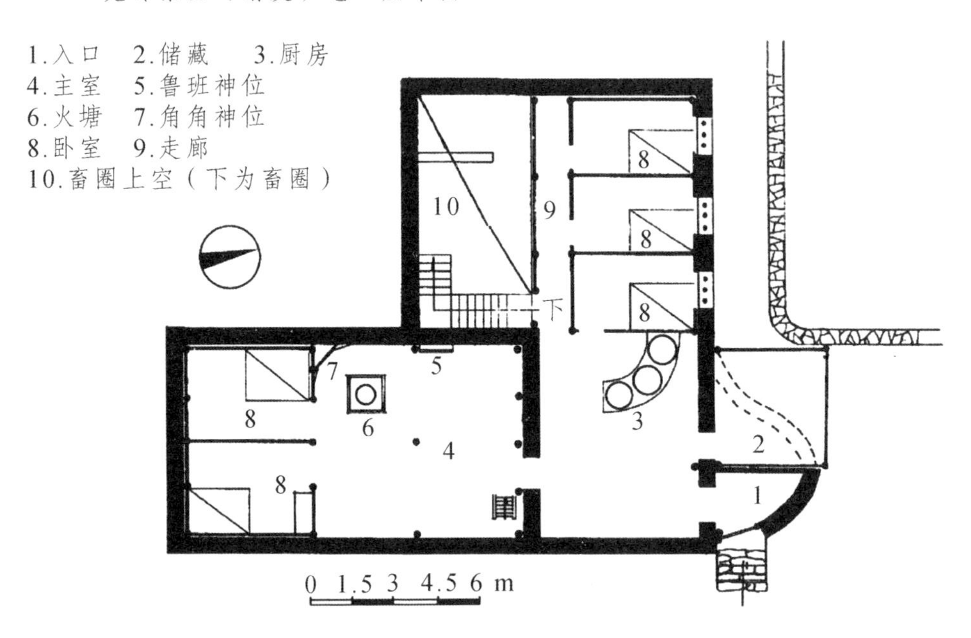
羌锋寨汪（清发）宅一层平面
1.入口 2.储藏 3.厨房
4.主室 5.鲁班神位
6.火塘 7.角角神位
8.卧室 9.走廊
10.畜圈上空（下为畜圈）
10
9
8
8
8
下
7
5
8
6
4
3
2
8
1
0 1.5 3 4.5 6 m

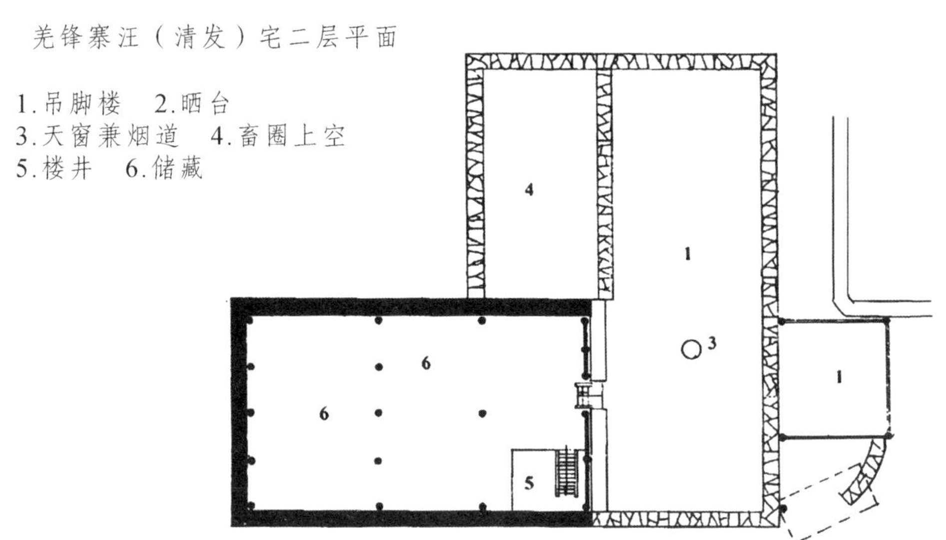
羌锋寨汪（清发）宅二层平面
1.吊脚楼 2.晒台
3.天窗兼烟道 4.畜圈上空
5.楼井 6.储藏
4
1
6
3
6
1
5

羌锋寨汪（清发）宅

羌锋寨汪（清发）宅剖视

梁思成在《清式营造则例》上说：“柱有五种位置……在建筑物的纵中线上，顶着屋脊，而不在山墙里的是中柱。”[1]这是指汉式木结构建筑。然而他指出必须是“纵中线上”的木柱这一特定位置，此定论同样适用羌族民居主室中中柱位置的确定，故羌族民居中柱不少正是在主室的纵中线上。然而羌族民居以石砌墙为承重体系，且主室大小面积差别很大，又以长方、正方甚至不规则平面居多，跨梁有长有短。羌族人往往取室中心位置立柱以弥补支撑梁承重楼层荷载之不足，起一定稳定与安全作用，对室内空间划分并没有表现出特殊的使用功能。因此羌族人主室中心立柱首先有赖于必有一根粗梁在中间轴线上空，无论梁是横向还是纵向搁置在石砌墙上。于此方可达成支撑柱有中心可言，于此方可与火塘、角角神位构成对角轴线。如果主室是长方形平面，亦首先需满足中柱、火塘两角，角角神位平面顶端三者成一直线。此时若柱不在中心，亦可距中心和另一柱等距离立柱形成双柱。但大多数羌族民居主室平面近方形，故进入室内即可看出三者成直线构成主室对角轴线的特殊平面布局。所以柱往往在室中心位置，俗称中心柱。四川藏族叫“都柱”[2]，普米族称“格里旦”，或“擎天柱”[3]。

中心柱现象不独羌族民居有，还普遍反映在古氐羌族系的西南各少数民族民居主室中，比如除藏族、普米族外，还有彝族、哈尼族等，显然此制不是羌人别出心裁了，其必然涉及古羌人上古此制的发端，以及后人对此制的崇拜。因为上述诸族不少仍把中心柱作为家神祭祀，且有不少禁忌。比如羌族人认为：“羌人还天愿打太平保护时，须用一只红公鸡向中柱神请愿念经，平时家中有人患病，如是触犯中柱神而引起的，则须请端公用酸菜、柏枝、荞麦杆七节、清水一碗，祭拜中柱神，以解除病痛。”“理县桃坪乡等地又称中央皇帝”[4]，普米族把木楞房内的中柱又称擎天柱等，说明氐羌系民族中赋予中柱家神地位以崇祀，有着物质和精神双重意义。在其背后亦必然涉及渊远古风，古风随着历史变迁，羌人迁徙而传播的遗存。

古建筑家张良皋教授在《建筑与文化》中[5]认为，帐幕是公认的游牧民族居住方式：“中央一柱，四根绳索，就可顶起‘庐’”，“帐幕由一柱很容易发展或双柱”，“帐幕的中柱成了中国古代双开间建筑中柱的先行者……双柱帐幕就是庑殿的前身”。先生又说：“帐幕出于迁徙，只要有迁徙，早晚必发明帐幕，实不限于游牧。”作为最早迁徙西北的氐羌，不仅游牧还兼农业。即是说其居住形式不仅有帐幕，还有其他固定形式。这里除帐幕有不可置疑的中柱外，其他居住形式，诸如窑洞、干栏、草棚之类是否也有中柱的存在呢？这里除干栏尚缺乏资料证实有中心柱的古制外，理应说窑洞、茅棚都存在中心柱的端倪。西北窑洞有多样平面与空间处理，其中有“两窑相通形成一明一暗的双孔套窑”[6]者，其“两窑”“双孔”间内有一门挖通成套间以联系。实例相当于把中间变成隔墙，因是泥土，不敢加宽跨度，若是石质则加宽跨度不是大问题。但古人仍不放心，于是我们看到广元千佛岩盛唐佳作大云洞弥勒佛雕像身后有一堵石墙，平面呈“凹”字形，紧紧地连着窟后壁。这种做法只有在西北隧道式窑洞一明一暗模式中能找到相似。石窑寺的传播，皆由西北而来，南路四川石窟中出现类似窑洞中有隔墙的做法和空间，虽不敢断言就是借鉴了西北窑洞民居中的“隔墙”一式，然而古往今来“舍宅为寺”，自当不唯木构体系一范围，窑洞同为舍宅，诚也可作为寺用。外部形态可用，内部结构与构造又何尝不可同用。与此同时，西北游牧之帐幕中都有中心柱存在，帐幕为游牧人民居即舍宅。那么，敦煌莫高窟诸石窟寺必然亦有借鉴帐幕的做法。《中国古代建筑史》[7]中有这样的论述：“云岗第 5 至第 8 窟与莫高窟中的北魏各窟多采用方形平面：或规模稍大，具有前后二室，或在窟中央设一巨大的中心柱，柱上有的雕刻佛像，有的刻成塔的形式。”这也使我们看到广元皇泽寺中南北朝建造的支提式窟里的中心柱来历，以及千佛岩镂空透雕背屏恐是把中心柱的支撑力作用彻底转换成美学作用的一次具有历史意义的尝试。

综上，仅广元千佛岩、皇泽寺两处，我们就看到了西北窑洞民居、帐幕民居在中心柱一式上对石窑寺产生深刻影响的序列；次序是呈“凹”字形的中轴墙，呈“冂”字形的中心柱，呈“冃”字形的背屏镂空雕。三式也许是西北民居影响佛教石窟建筑在四川中心构造上的句号，同时又说明在没有窑洞和帐幕民居的四川，西北民居影响力回光返照。因为再往南，巴中、大足、安岳等地就罕见这样的现象了。这说明民居影响石窑建筑是多方面的，不仅有木构，还有窑洞和帐幕。

如果说文化影响是一个整体，任何影响不可能孤军深入、单独构成，那么从广元一带民居受秦陇砖木结构影响，尤瓦屋顶从硬山式向西向南渐变为悬山式来看，和石窟寺的渐变亦是同理同构的。只不过民居还多了自然气候等因素的不同影响，具体特征是屋面出檐往西往南越变越长，而西北砖木民居从山墙到屋前后基本上无出檐，或出檐很短，这反映出外来宗教建筑本土化过程中，也融会了西北民居的做法。

既然西北窑洞、帐幕民居对石窟寺都可以构成影响，那么对川中民居是否更可构成影响呢？尤其是川西北直接来自西北地域的羌、藏民族，他们的民居是否还保留着西北游牧兼农业时代的遗迹呢？从盆地内汉族民居眼看，显然这种影响是不存在的。唯羌、藏二族民居，中心柱仅是影响的一部分。而羌、藏民族是古氐、羌后裔，说影响一词尚觉不确，延续似更确切，因为它是血缘关系在空间形态上的反映。

众所周知，中国人对祖先的崇拜和以家庭为中心的社会结构是互为完善的。它不仅表现在传宗接代上，还表现在同姓同宗的延续机制上，凡一切可强化这种机制的物质与精神形态，则皆可纳入为之所用。修祠建庙、续谱纂牒、中轴神位、伦理而居等仅是摆在明处的现象，而建筑内部结构，构件组合等似乎文化含量少的东西，仅是一种技术上的处理。其实一幢建筑某些关键部位结构上的处理才更具永恒意义，因生存是第一位的，弃之不得。如此，把恋祖情结缠系其上，显然更具维护宗族与增加家庭凝聚力的永恒作用，所以羌人才视中心柱为“中央皇帝”，平时叫小孩“摸不得”，若有病痛亦认为是触犯了中柱神，个中包括物质保护和精神寄托两种作用。这是任何一个原始民族不能例外的地方。氐羌氏族上古游牧西北时，民居以帐幕为主要形式，要支撑起帐幕，内部立一根中心柱是关键，中心柱断裂则帐幕空间不复存在，这自然是一个家庭极其注意而忌讳之处，犹如汉族屋子垮塌。因此，视中心柱为神圣应是情理中事。

羌人迁徙至岷江上游地区，不仅涉及汉代南迁西北羌人，亦涉及汉以前、世居此地的冉駹人。还有理县境内唐代东迁的白苟羌人及汶川县绵虒乡一带唐以后从草地迁入的白兰羌人，上述二系出于西羌，同源异流而后又合流，只民居外部空间形态表现出略有区别，而在内部空间主室内的中心柱一制上却完全一致，这从建筑古制遗存上充分证明了“异流同源”的渊源。更有甚者，无论散布在安宁河谷的彝族人或云南高原古羌支系各族人，它们的民居不论是这一部分空间还是另一部分布局，都多多少少遗存着西北古羌居住空间的制度。而中心柱一制仍在部分少数民族民居中流传，最明显的如普米族，其“主房单层木楞房内有中间柱，称‘格里旦’或‘擎天柱’”[8]。还有部分彝族、哈尼族等民居中都普遍使用这一古制。此无疑又是异流同源在建筑上的反映。笔者查阅《新疆民居》一书，亦注意到天山南部古诺羌之地的少数民族民居平面中，也偶有标准的中心柱现象。不过，从众多各族民居中心柱现象的归纳比较中发现，作为古羌直系先民的今羌族人居住的茂县曲谷、三龙、黑虎等乡的羌民居中，在中心柱的布局上至为严谨，当然又影响到其他县区，特征是，中柱和火塘、角角神构成一条轴线，形成一组家神系列，中心柱的精神作用和其他主要家神紧密地联系在一起，铸成一个不能分割的整体，从而影响着羌族民居主室的发展。如此，两千年下来保证了羌族民居稳定的空间格局，于是可以推测，今羌族民居基本上是两千年来的原始形态，并没有太大的变化。原因是：中心柱、火塘、角角神三点一线主宰着主室空间，主室空间又决定着民居平面，平面直接影响空间形态。故核心不变，其他亦不可能大变。故古制之谓，即由此出。所以有历史学家、考古学家、古建史家谓羌族建筑是中华建筑的标本、化石，诚是上论。亦可言今西部羌族民居之源在岷江上游，因为这里是羌人从西北迁徙各地之后，离开了帐幕、窑洞民居之后遗存其古制最多、最纯正的地方。更何况如徐中舒先生在《论巴蜀文化》一书中所言：远在西北时，“戎是居于山岳地带城居的部落”[9]。张良皋先生亦说道：“说明这个古国历来以建城郭著称，算得上建筑大国，楚与庸邻，交往密切，最后庸国被楚国兼并。”[10]庸，“语转为邛、庸，邛的本义为城的最可靠的注释”。综此诸义而言之，庸之与戎，就其所居则为庸，邛笼就是它的最适当说明[11]。因此又可说迁徙岷江上游的羌人不仅带来了帐幕、窑洞制度，甚至把城居的砌墙技术也同时带到了川西北，而不是到了岷江上游之后才开始学着以石砌墙构建“城居”“小石城”似的“邛笼”的。古建筑史论家张良皋先生更认为藏民居是“石砌的干栏”“木石兼用之干栏”，因古羌秦陇之地原气候温和，河泽林木密布，有“阪”屋即干栏的存在。更不用说民居更具“石砌加干栏”的粗犷和原始了。因此，羌民居为中华活标本、化石建筑之谓更具有了全面性，因为中华建筑起源的“三原色”：穴居、巢居、帐幕，都可以在羌族民居中找到蛛丝马迹。因此中心柱虽仅是古制中一处微小结构，又恰如此，使我们从中窥视到羌族民居古制遗存的全面。

——发表于《四川文物》，1998年04期——

羌锋寨汪（清发）宅

参考文献

[1] 梁思成．清式营造则例[M]. 北京：中国建筑工业出版社，1981.
[2] 叶启栗．四川藏族住宅[M]. 成都：四川民族出版社，1985.
[3][8] 陈谋德，王翠兰．云南民居[M]. 北京：中国建筑工业出版社，1993.
[4] 王康，等．神秘的白石崇拜[M]. 成都：四川民族出版社，1992.
[5] 张良皋．建筑与文化[M]. 武汉：湖北美术出版社，1993.
[6] 张壁田，等．陕西民居[M]. 北京：中国建筑工业出版社，1993.
[7] 刘敦桢．中国古代建筑史[M]. 北京：中国建筑工业出版社，1984.
[8] 陈谋德．云南民居[M]. 中国建筑工业出版社，1993.
[11] 徐中舒．论巴蜀文化[M]. 成都：四川人民出版社，1984.

四川名人故居文化构想

名人是一种历史、社会现象，同时又是文化现象。名人在社会变革中起着比一般人更大的作用，其作用的产生，除政治、军事、经济、社会、教育、家庭等诸多原因外，其居住地域、地形地貌、气候特点、四时环境、空间气氛等，无可辩驳地对人的生理、心理起着重大影响。本文探讨的名人故居大多指名人出生与成长，即青少年时期的居住空间与场合，以及周围的自然、社会、建筑环境。它是建筑文化中特殊的民居文化领域，此处从名人故居及环境角度，对其青少年时期的成长做些肤浅讨论。

笔者以三年时间，车行万里之遥，徒步千里之途，纵横四川盆地东西南北，涉及一百多市县，对在近、现代中国历史、社会变革中产生不同程度影响的四川籍名人的故居、故里，做了粗略考察。笔者遍访名人亲朋好友、乡人邻里，查阅图文资料，拍摄故居建筑，得实例一百。名人中包括历史上国共两党党、政、军代表人物，以及清末以来各方面代表人物。诚然不可面面俱到，但自认为基本具有普遍性和典型性。

高县罗场阳翰笙宅

名人故居概念

故居之“故”，《辞海》诠释为：一、从前，从来。二、久，旧。《管子·四时》：“开久坟，发故屋，辟故窃，以假贷。”说的是旧时之意，也有人死去物随之也故之意。综上，故居之“故”包含了过去（人还活着）的居所、人死后留下的居所、故乡留下的居所。即凡居住较长时间的居所都可言故居。不过似乎世人共识故居者，多系故土之居。即某人父辈之居及某人出生、成长之居。所以如此，是其最为浓缩、纯化了的故居之意。父母之乡，胎孕其处，成人之初，也最为人眷恋。它对人留下记忆，是产生影响最深刻的地方。所谓浪迹天涯，故土是居。巴蜀俚语“金窝银窝不如自家狗窝”，即是此意。这“地方”，系指“居”而言，即住宅之意。旧时之“故”，却不是仅指过去的旧房子单薄物质含义，它蕴含了围绕旧房子与人的一切活动。旧房子如一块磁铁，形成磁场的物质形式，精神形式通与之发生关系。那些住宅里设置的碾坊、石磨、碓窝、卷棚、厨灶，等等，在住宅里发生的故事，两者极难分开。不同的是空间与时间的存在形式。两者高度谐和营造出特有的氛围，即故居文化，这是任何故居都能生产的文化气象。而名人故居之不同，是在于故居和人的知名度相联系，带来了故居知名度的提高。人们凭借它去寻觅、推测、意度，发现它和名人之间的关系，使得这种文化得以延伸和发展。于是，故居文化，尤其名人故居文化被蒙上一层神秘的面纱。风水家倾其所能，诠其堪舆，阐其地理，反过来推而广之。有的又从另外一些层面去神化，美化，污化。褒贬从生，莫衷一是。但如此给故居文化生存营积了肥沃土地。良莠之状，殊为正常，但是不能不看到故居即为名人之居，它就产生了特殊而不可取代的文化价值。蕴含了自然与社会多学科的研究契机和审美品位，名越大，品位越高，又多一层感化教育作用。若某故居有长远历史，独到建构，典型外观，若更为一方一宗建筑缩影，及和环境谐和相属须臾不可分，则更加重了作为建筑层面的历史、建筑、审美价值。某种意义上言，故居为民居之列，民居为寺庙之祖，帝王将相供奉于寺庙之中，亦是供奉于特殊的民居之内。我们塑名人像，撰名人业绩，保存故居之民居，亦是造就一座“准寺庙”。我们崇尚名人，“爱屋及乌”，用真、善、美的情感怀念为民族做过好事的名人，良苦用心，民情所归。

儒文化纳释、道于一体，崇拜名贤英雄。发达的农业个体经济又造成了广泛的社会基础，必然导致宗族制度的高度集中，同时亦带来以本姓名人为大荣的风气。这造成了神话名人的祠堂和故居在形式上的并存，当然也加重了一方一族仰仗一人的习弊，比如广安龙台寺之于杨森，大邑安仁镇之于刘湘。但不能不看到，它同时又带来了祠堂与成名后故居的建筑辉煌发展。总之一句话，中国历史上人治的结果及人作为社会主体推动社会发展，强化了名人及故居在人的头脑中的地位。话又说回来，从领袖人物、文人墨客到庶民百姓，故居故乡是何等令人倾倒。毛泽东、朱德、鲁迅、郭沫若……李白、杜甫，古往今来这些名人常以故乡和母亲同咏，歌颂伟大与无私，颂扬那少年的依恋与纯情，赞美故乡与母亲怀抱中诗情画意般的人生境界。这也使得故居文化充满了迷人色彩，道出故居之恋是人的一种基本情感。诚然，名人故居更是影响着一方一域的精神生活，他们在普通人居住地成长为名人。那普通房子里为什么会走出名人呢？似乎又给故居文化爱好者留下偌大构想空间。

四川名人故居现状

笔者通过调研100例名人故居，得不同存在状态故居面貌80余例，做如下分类：

甲类：整旧如旧开放者16人12例。

乙类：维持原建筑基本格局面貌者16人14例。

丙类：部分改头换面，仍存部分者22人22例。

丁类：残缺不全者28人24例。

戊类，荡然无存者22人22例。

名人的知名度和名人地位有很大关系，但不是必然关系。江姐（江竹筠）、黄继光、邱少云一介百姓而已，照常誉满天下。拿这样的社会共识观点看名人故居现状：甲类名人故居得到了妥善保护，喻义有轻重缓急之分，这是无可非议的。这类故居除个别人外，都是享誉全国甚至全世界的大名人，非保护不可者得到了应有的保护，诚属高瞻远瞩者对文化故居的深层洞悉。尤其可喜的是著名作家李劼人在成都郊外的故居"菱巢"得天时、地利、人和之便，先完善于众大家之先，开了一个好头。那么，仰首巴金、沙汀、艾芜、何其芳、石鲁、阳翰笙、蒋兆和、张大千、江竹筠、黄继光……一代英杰故居的修缮复旧，但望能在指日之内。甲类故居中，基本上保持了旧时气氛，无论建筑与环境，身临其境，恍然名人就在眼前，极得教育认识之理，极获文化审美之趣。邓小平故居一切如旧，如若其人，无丝毫雕刻之气。简朴之至，仅清扫干净而已，体现了一代大名人平凡而崇高的人生观。其他几个大名人故居亦基本上按历史面貌复旧，不过有的处置尚需讨论。像朱德出生的李家湾之故居，原有一碉楼，颇具历史文化品位，已拆毁，是否有必要还其故居全貌？若觉得毁其部分尚可，那么再毁正堂之房、左侧厢房自然亦可，因朱德出生仅在右侧仓房而已，已足矣。其二，朱德故居是一整系列，期间多根大柏树于1992年被砍伐，故居环境景观颓然扫荡，故乡百姓颇为不满，有关部门该不该这样做？其三，朱德系客家移民后裔，在其柏林嘴父母住宅山后有一丁姓客家移民大院，朱家亦是丁姓佃客。此院较完整保存了诸多客家土楼遗制，又糅和若干川中民居特征。足可言故居文化纵横发展。凡此种种，无论故居文化、文物研究、旅游开发甚至生态平衡，都是我们这些吃水人不能忘记挖井人而应予高度重视的。

在乙类名人故居中，尚有张爱萍、刘伯坚、卢德铭、刘仁、吴虞等为数不多的名人故居建筑相对完整。因诸多原因，故居实质处于岌岌可危之中，年代久远的木结构体系，稍遇天灾人祸，便力不能敷。

丙、丁、戊类故居（戊类只有"故土"了）情况更糟，亦不可列举详述。

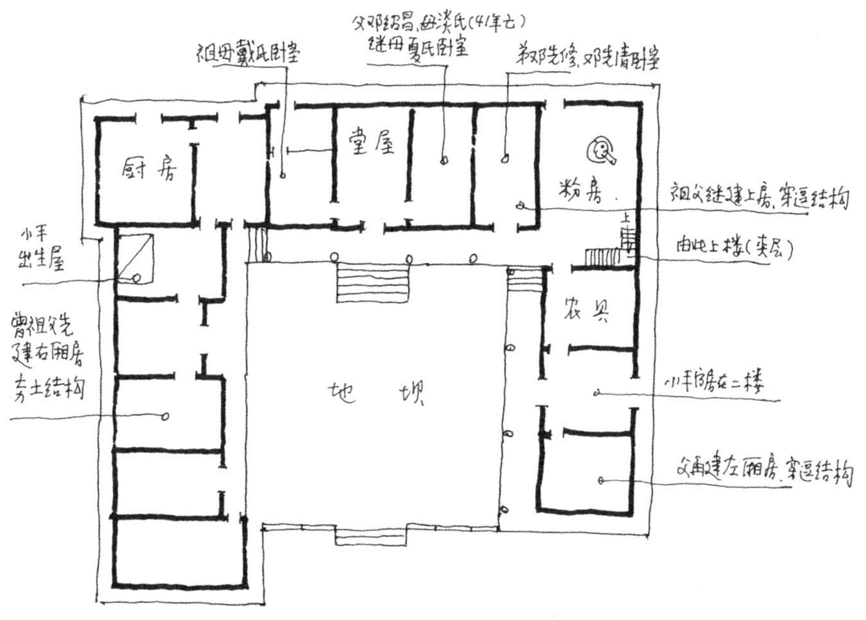
父邓绍昌、母淡氏(41年亡)
继母夏氏卧室
祖母戴氏卧室
叔邓先修、邓先清卧室
厨房
堂屋
粉房
祖父继建上房，穿逗结构
上
由此上楼(夹层)
小平
出生屋
农具
曾祖父先建右厢房
夯土结构
地坝
小平卧房在二楼
父再建左厢房，穿逗结构

广安协兴邓小平故居

名人故居文化

人一旦成为名人，其故居抑或成为社会和人类全体不能以钱财而论的宝贵财富。它包含的物质与精神价值，某种程度上记述着一个民族、国家、区域等方面的变化与发展，记述着历史与社会、科学与自然的进程，它是建筑文化领域内的一朵芬芳鲜花。我们谓之故居文化即是在其基础上所展开的科学体验与认识。即故居、环境、人、社会之间的关系。因此，问题的关键必须又回到实例的综合认识上来。

四川人口90%多来自外省，尤其是江南各省，明末清初形成的移民运动造就了大批移民后裔名人。他们的素质是否反映原祖籍居民共性与个性，不是我们讨论的重点。然而，故居建筑是否带有祖居地的色彩和内涵却是应于深究的。如此，在特定的四川盆地内，必须面对下面几个事实。第一，地理环境与气候发生变化。第二，“五方杂处”使原习俗趋于认同。第三，土地分散导致原聚族而居转变为分家立灶，同时被宗祠、会馆、场镇的兴旺发达取代。第四，单家独房促使小农经济更薄弱贫困，同时又产生少部分人土地集中的两极状态。第五，清以来四川较稳定，社会无须坚固的防御建筑体系。第六，清以前四川以山寨作为主要传统防御手段，尚少以家、家族为单位的防御建筑体系作为借鉴和延续的模式，等等。因此大多四川名人，无论农村籍者城镇籍者，故居和其他普通民居毫无二致，都是体量不大，规范的一字、曲尺、三合、四合院形制，以及前店后宅的组合构成，且多为平房，材料就地取用，木泥石砖、清一色小青瓦。不过，新文化运动伊始，西方风吹来中国，所谓“殖民建筑”出现在巴蜀，诸如刘湘等人故居，但都不是出生之居。另外，在住宅选址上，显露出强烈的看风水事实。凡故居建在清中叶以来者，房无论大小，多多少少隐含风水要素。此因一是江南移民原就居住在风水术最盛的湖北、湖南、江西、福建、广东等地；二是“易学在蜀”，巴蜀恰又是易经从理论到实践最为昌盛之地。在风水书风靡的时代，名人祖辈作为普通老百姓，其建筑也就不会跳出普通的“四川模式”。个别仅是功能完备、开间多几间而已。像陈毅、聂荣臻、郭沫若故居，以及杨翰笙、丁佑君、杨森故居即如此。另外，赵世炎、赵君陶故居因紧邻湖南，不少地方神似湖南民居。正因为如此，名人之初，多出生、成长于普通人家，经历普通建筑体验，自然易通感普通的事态，自身就在其中濡染。建筑伴其成长，岁岁时时相处，不可能一点无影响。此其一。

第二，四川农村住宅因自给自足状态，民众受“耕读为本”的传统思想影响颇深，视劳动和读书为生活的两大支柱，多在宅内外划有空间作为作坊、圈棚之类。像邓小平宅粉房，陈毅、赵世炎宅碾房，刘伯承宅外碾盘等，这无疑给名人成长初期提供了体验和参与劳其筋骨、强健体魄的场所。更不用说宅内外一年到头做不完的烦琐活了。有条件者为孩子辟出房间作为书房，一般多在正房光线充足的檐廊下设小凳小桌读书写字。如此，由室内到室外，以房内、檐廊、天井及室外串成的活动天地，丰富了住宅从封闭、半封闭到开敞的空间组合序列，亦构成了人的情感需求、生理行为，且更和大自然通融一致。农村如此，就是小城镇，规模虽小，亦处在大自然前沿。哪一个人没有一段童年、少年与自然痴狂的梦？何况名人。建筑材料的自然优美形态，泥土与植被生腥气息的弥漫，河流山峦千变万化，使得传统民居处于某种动感状态，适成万物竞自由，宽松到极致的氛围。少年们在此环境中劳作、读书、成长，其无拘无束的自由追求，哺育了胆量的胚胎。故居如母体，给予爱又给予成长的广阔天地。大概这也是大城市少出名人的原因之一，尤其是在农业社会的制度下和环境中。

第三，四川名人故居多独居一隅，此因一是200多年前移民入川多夫妻、弟兄、父子为单位行事的结果。史载上少见一族者聚众迁徙之例。即使后来子孙繁衍形成家族，亦被四川“人大要分家”的民俗解体。独家而居的好处在于减少宗族内部摩擦和邻里牵制，不仅获得一个宁静空间，形成独立思考家庭以外社会问题的环境，还营建了以故居为核心、以家人为主体的心理场。通融一家老小，默契眉宇之间，而这样的独立物质精神形态又不是封闭体。此次调研，发现故居在农村者，距最近有赶场期的集镇均不超出 8 千米，这是名人故居和中心集镇若即若离地理位置令人惊异之处。这样的距离让人获得信息更为便捷，又不至于落入困惑杂乱的信息漩涡之中，更有“旁观者清”独立消化信息的心理吐纳环境，是培养少年理智而不排斥创造思维活动的良好地理位置。

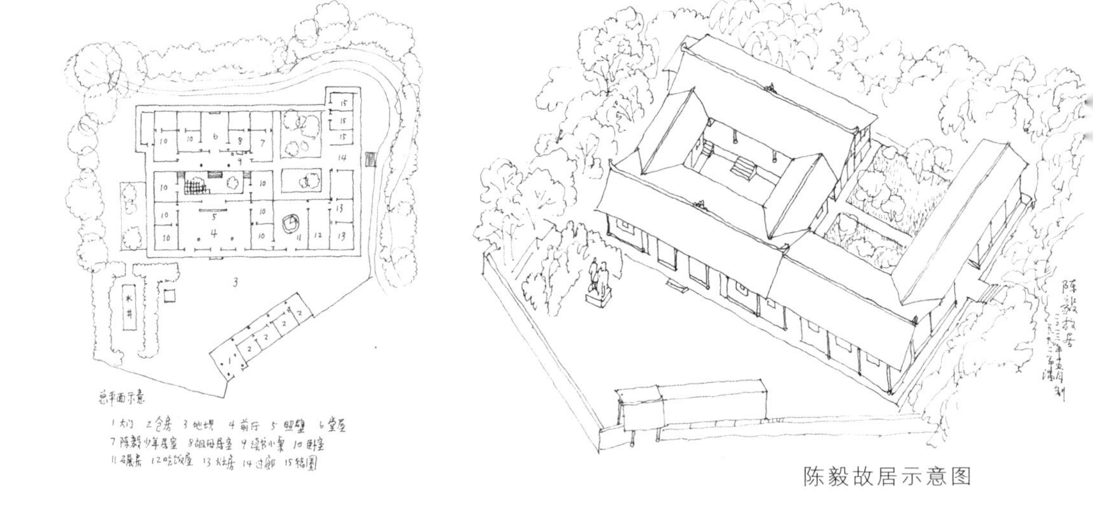

陈毅故居示意图

第四，故居方位。按理，故居选址于过去时代均遵循风水相宅术诸要，但唯四川多雾多雨，阴湿潮润的特殊气候于此则不能不回避。任何建筑朝向若带来生存质量下降，其理论便不攻自垮。四川盆地除夏天光照充足外，其余多在阴霾多雾之中，若有阳光透出已是日偏西方的午后，那么，住宅除西面可获得较大面积的光照外，其余三面多为阴影笼罩。正面朝西，多悖于相宅术要领，然而面对生存现实，只有顺其自然了。于是发现四川住宅并不是不讲朝向，除地形所限无法讲者之外，有条件者的住宅有很大比例向着西方，或“挂四角”朝西南，坐东北。名人故居中此朝向比比皆是，它的好处是，春、秋尤为冬季，太阳会给庭院山野带来和煦金光，面对阳光的这种喜悦是阳光充足之北方及沿海地区人不易体会的。近傍晚光线越加明媚，又不使得细节一览无余，可在人的心理、生理上营造轻松愉快的情绪和舒适感。造成强烈情感反差，强化了人格与个性。现代思维科学研究表明，这是人的思维最活跃、最敏捷的时候。此时若和其他朝向比较，其人、其物、其境，形成鲜明对比。因此，就四川多数名人故居朝西方位而论，这是少年心理、生理健康成长的好朝向。

第五，名人故居，尤其是甲类名人故居中所处的位置地势。凡农村者都位于较高燥而空旷、台地山腰、坪坝高出的部分，故居正面或近或远都有矮山浅岭隔而不阻的地貌。视野广阔深远，居高临下，有大野在胸的大气之势，和山沟之宅出门抬头望天的畏缩实在是天壤之别。刘伯承故居下赵家坝旷原流河、阡陌纵横；罗瑞卿故居前嘉陵江浩荡东去；何其芳故居前梯田层层向下延展……还有邓小平、朱德、孙炳文、李大章、杨森、王朝闻等故居皆有此气象。故居这种地势排水便不积不淤，室内干燥，且气流可达，阻而有疏，使得建筑材料不易腐败，更使室内空气和室外空气保持一样的纯度。这对处于生理心理发育阶段的少年时期的人们至为重要，也给名人后来创业打下良好的体质基础。再者，居高之地视野开阔，远山近水，平坝田野，云雾缭绕的多变气候给四野产生时清时浊的迷幻景象，犹如中国画中以白计黑的内涵，留给人想象、推测、臆构的思维空间，极易促使名人拥有撩开模糊问题面纱的思绪与勇气。若一目了然，清晰景物还有什么想象的余地呢？笔者在请教吴冠中教授对四川雾蒙蒙的景色的见解时，他说："好在它概括了景物，常以微妙的灰色留给了人层次和想象空间。"（大意）这种无意识有意识的触景生情思维活动，给具有各类思维特点的青少年提供了不同方面的启迪，如推理的、联想的、逻辑的、跳跃的。现代心理学证明大自然是培育青少年创造力的最佳场所之一，也是使人产生追求真理的志趣从而产生意志力的理想环境。山外有山，天外有天，四川人成名者多在盆地之外。长此以往，空旷又迷茫的环境难道没有铸成这样的心理基础成分？

第六，名人故居之地，无论小环境、大环境，皆竹木丰美，青山绿水。人在其中绝不同于荒漠之原、雪域之国。钟灵之气自潜身心，极易获得对事对物的丰富情感，滋养出爱家乡、爱祖国、爱民族的端庄品行。

第七，有的名人故居环境中确实出现与众不同的特殊地形地貌，纷纷扬扬于民间所乐道。如朱德故居柏林嘴后山头，形极类清官员花翎顶戴。上面稀疏的柏树犹如羽翎，周围百里之内难见此状：赵世炎故居前之远山岩石银白闪烁，山体诚如龙蜿蜒，传张爱萍故居前之“案山”有一茂盛大黄槲树发了8支树干。民间流传多为颂扬之词，与此形此物相谐，反映出一方乡亲热爱名人的诚挚之情。若附会诸多因素而就带来富贵显赫则不能贸然苟同。民国时期朱德带兵打仗，屡建奇功，时川军政首脑以其风水太好之故，挖其祖坟，破其风水，最后仍自己以覆灭告终。前面讲了保护较好的故居，多为清中叶、清末所建。阴阳家必定择其显要，按图索骥去完善其理论，因而出现了利弊两面的客观事实，其利的一面给人的生理心理带来健康成长。至于其他还有什么道理，本已成为当今环境、建筑、文化等各界研究热点，此处不再讨论。

名人故居价值

名人故居的价值归结起来无非在历史、艺术、科学三方面。三者互为表里。以建筑核心论，笔者谓之故居文化。其价值之首要为认识与教育，它包含：一方文化中心的形成和以此为支点所展开的对于国民素质改造的特殊作用，这部活生生的榜样教材，以建筑空间体庞大的体量屹立于大地之上。它所造成的视觉体验、文化感受都是其他建筑物不能取代的。四川名人故居点多面广，一点影响一片，汇点成面，必是民族创造力生命力强大的维系支柱。由此而拓展的旅游开发、文博展览，甚至以绿化为龙头的生态平衡都将得到综合发展。再则，传统民居总体上必将被新建筑取代，完善名人故居形同保护传统民居。以此作为母体生发的建筑环境、选址历史、心理影响等方面的研究，亦是取之不尽用之不竭的丰富资源，可作青年建筑学子学习传统文化不可缺少的实习基地，更可作现代建筑设计某些领域内在创作与传统文化空间体验方面的感受源头。各层次文化素质者都可由此而各取所需，各得其所。

结束语

当今社会昌盛与名人有着血肉不可分割的关系。笔者认为，名人是历史变革中带来的社会认同，它是舆论导向和民间流传两者结合的结果。

还有一个“盖棺”问题，即人死后才说保护故居。这种阴暗心理非常有害。像世界级大文豪巴金先生在成都的故居，它是先生系列故居中最具故居文化色彩的，在四川乃至全国人民心目中具有十分美好的崇高地位。可惜现今只剩后门和一塌糊涂的后院了，那院中孤独的银杏已被破旧平房隙缝中冒出的烟火熏染。当很多海内外读者来寻觅他小说中的建筑描述，欲通过它加深对过去时代的了解时，嗅到的是油烟味。泸县小市镇蒋兆和先生故居，蒋夫人有言若能修复故居，将把先生的一些遗物和书画捐赠给故居和乡里，这是一笔多么宏巨的财富。先生已作古，故居仍被一片民房肢解，让人感慨欷歔。

目前，建庙之风大作，即给帝王将相、菩萨观音营建新居。诸多原因导致形状丑陋，污染了环境亦污染了灵魂，倒不如有理有节地疏导人们把兴趣和钱财用在名人故居的建设上。名人世人信仰同构，极易和人心趋向衔接。相信有识之士大有人在，名人故居文化一定能发扬光大。

——发表于《四川民居散论》，1995 年版——

山水画·建筑

山水画之于建筑，建筑之于山水画，无论谁之于谁，在当代审美意识的发展中都发生了很大变化。建筑理论家顾孟潮谈到当代中国建筑艺术的危机时，指出观念决定语言。他说古典建筑语言是“万能神的语言”，现代建筑语言是“机器美学的语言”。而对于后现代建筑语言，他强调，“是商业社会的语言，小人物的地方方言，追求交往与对话语境和气氛的语言，它在讽刺、挖苦、打击的环境中发展壮大，甚至挤进全国优秀设计奖的行列”。顾孟潮引用后现代主义建筑大师文丘里的话又说：“建筑艺术应当是一种交流思想的工具”“是眼前视觉的享受和刺激”。显而易见，部位（眼、目、鼻、舌、身、心）体验大大多于绘画的建筑艺术体验。

山水画中的建筑语言不是建筑学意义的建筑语言描述，但它在封建时代却表现出相似的“万能语言”作用。所以在《中国建筑史》的早期章节中，才有隋人展子虔的《游春图》和五代卫贤的《高士图》中的建筑，作为见证存在。前者也是目前尚知的在山水画中最早的古典建筑语言描述。从那时到现在，古典建筑语言在山水画中的叙述，一直滔滔不绝唠叨了几千年，并以其比例、尺度、对称、韵律、节奏等不可亵渎的美学准则展显现，扬威于华夏大地。今天的建筑观念及其作品，古典建筑语言以全新的姿态和面貌出现在近10年中，如此尚处于危机之中。回过头来看山水画中的建筑，好多仍停留在隋朝展子虔《游春图》中的境地。同是文化，别人前进了，何故山水画竟如此？当然，功能不同是决定一切的，但文化诸科的整体发展不会久久等待山水画的孤芳自赏，于是山水画家们一个个为变革焦头烂额，尤以一场近10年突破古典语言的攻坚战打得分外激烈。山水画中的房子一歪再歪、一变再变，和任何时代的建筑形象的语言描述比较早已面目全非了。不过，万变不离其宗，其传统内涵和文化本质仍在画中，只是去掉了“可居可游”方面，剩下了纯粹的精神境界。现代建筑和山水画分道扬镳，今后建筑史再也不会出现山水画中的建筑了。所以无论山水画之于建筑或建筑之于山水画，互为映衬的关系不复存在，维系它们关系的只是一副精神框架，山水画仅剩下“可乐”作用，房子不管怎么歪、破、怪，建筑师和寻常百姓不会因此有所非难，不会去寻找画里的给予人愉悦的空间，歪歪斜斜可，破破烂烂也可，好看就行。如此，山水画中的建筑也就结束了它历史的艺术使命。

人们理解歪、斜、破、怪的山水建筑表现，潜意识或有意识地看作一种艺术现象和审美发展。这无疑是时代审美兴趣的进步，它至少吻和了现代社会先进的分工发展趋势。山水画不是包医百病的多宝道人，自身的条件、局限和历史，在艺术形式的汪洋大海中，强迫它去表现工厂烟囱不行，以建筑学的角度表现规范的空间也不行，它循着自己的规律去完善一条归宿之路，是不以人们意志为转移的，却是人们能接受的。针对这种画者与观众之间的认同，笔者曾对当代建筑学专业的学生做过一次实验，即布置一次面对现代建筑和破败民居并存的景点自由选择写生。结果以通晓当代世界建筑新潮流为能事、为时髦的大学生，不约而同地选择了破房子作为写生对象。这一情与理的反差引起我极大兴趣，为此组织了一次无拘束的讨论。大家共同认为：

破房子结构，线、面、色彩、光影变化无穷，构成了有机的无限深邃空间。画它不一定就想到它是房子，而给人一种愉悦的主客体相互的自由空间体验。通过它，观者体味到空间的感召力，会觉得空间与人的关系的理论说教一下变得非常近，非常具体，似有稍纵即逝之感，不画心里难受，实则进入一种调节净化心灵的空间，尤其是充满紧迫感的现代社会，这种需求比较难得。

在建筑与环境的关系上，感觉房子与自然界的一草一木天然密合，一切顺乎天理，水到渠成，无疏导、无暗示、无修饰、无言不由衷、无刀痕斧凿之气，畅快流淌。在如此气氛面前，矫揉虚假无地自容，人的本质再一次得到净化、复苏。

常在现代建筑的规范尺度里思维和操作，整天满脑子有序的枯燥空间，约束了潜意识中向往自由空间的创造基因，破房子作为中介，一下子触动、引发了这种生命活力基因，似乎唤醒了那些藏得很深的创作自由空间的意识。这反映到表层意义上，恰是一种精神生活的补充，一种人生与社会的均衡维系。当然，反过来也是一种理智的精神力量，以支持自己的价值观念和对美好事物的追求。

诚然，这里夹杂着对农业社会的眷恋。我们都是小生产单位空间生活过来的，生命基因一旦被破房子民居这种农业社会的遗迹激活，则眷恋表现为赞叹，扩而大之为美誉，缩而小之为痼习，宜取其长处而舍其短处。像学传统山水功夫，入窠臼是为跳出窠臼，丝毫眷恋不得。

讨论下来，感到大学生们还是能辩证地对待现实生活中现象的。回过头来欣赏山水画，并以画镜中的破歪房子而揣度画家之心，二者何尝不是同出一理。只不过大学生画破房子、欣赏破房子出于特定的专业意识和目的，显得比一般观者更能深入去思考，表现为知识的融会贯通和悟性，层次是较高的，而一般观者来得慢点。一旦知识面的铺就和融汇成气候时，则不容我们去担心了。大约这就是可变的欣赏层次之分。画家当然以职业素养的观察与思考去对待笔下的破房子，和大学生们的认识基本趋同。所以，近 10 年来表现出对山水画中建筑物处理的灵活性和明智性，努力寻找自身最恰当的形式和内容。它的依据来自时代，来自大众的欣赏层面，来自约定俗成的共同认可的审美情趣和准则。

历史是否就如此铸成，一成不变？我以为山水画及其画中建筑应是发展的。历史上曾出现过画中建筑和建筑学较为同步的现象，以后是否会出现和历史惊人的相似呢？从西非木雕到贵州傩谱都以其原始风范领骚于当代，否定着这种提问。难道这是永恒的吗？终有一天地球上丰富多彩的土风建筑都会消失，那时成长起来的人都从现代空间孕育而生，就不是什么断代问题，简直就是与过去的空间形式无缘！难道仅凭遗留下来的图画、照片、文字、博物等资料，就能维系破房子在山水画中的存在吗？哪怕只剩一副精神框架，就像如今原始社会的巢穴之居唤不起作画灵感，不见在山水画中出现，只是作为教科书中的内容一样，那么，现在山水画中的破房子歪房子现象是权宜之计的变化过程，还是画中建筑的最后变形，或是古典建筑语言表现为绘画叙述的回光返照？若如此，不最终又坠入了对农业社会落后面的眷恋之中了吗？几千年后凭什么直接的空间依据受其体验、让其发挥呢？那时是否会把破歪房子统统赶出画面呢？我相信现在谁都会说：不会的。但从人类历史的发展和建筑空间形式的演变来看，不会是痴人狂说吧。这实在是一种艺术形式生命力面临的严峻考验，就如一些戏剧受到的考验一样。这似乎在否定前面的叙述。其实，我们站在若干年后处于高度现代化社会的人的角度想一想，做一些长远之思不也是愉快的吗？山水画里的建筑已经变得尸骨不存了，再向前问几个为什么，还会不会变？怎样变？依据何在？这不更是显得当今之变不盲目吗？

目前，有山水画表现农村历经10余年改革后出现的用现代建筑材料和结构建造起来的房子。一般体量较小，保持着部分传统民居特色。画得战战兢兢，有牙牙学语和生怕别人说丑的畏惧之色。这和画工厂烟囱的方盒子建筑，无论内涵、环境、人文沿袭、自身构造等都不可同日而语，因其身上有着传统民居的延续因素。这一端倪是否是一个信号，告之人们，这些房子打着传统幌子，借助传统审美习惯的大伞开始临近山水画中的桥头堡。这些作者多是“早晨八九点钟的太阳”的年轻人。这是好事还是坏事？是必然还是偶然呢？悠悠万事，发展为大，这是人类物质与精神存在的最高目的。祈同行多做一些讨论。

无论过去的、现代的，作为现象归根结底透析出背后观念的光环，光环的色彩无论如何迷人，怎样以各自独特的色泽闪耀在不同领域，终归是用语言代表观念。而且观念蕴积历史越久，酝酿得越浓厚，不免出现芬芳中掺杂着异味的情况。现代山水画中变形房子即反映了观念的变化，醇化着山水画这种独特领域里的观念发展，同时又面临新的危机和进一步的观念变化要求，我想这是永无止境的。

也许，艺术和人类物种的发展是两码事，前者表现为变化的规律，后者表现为进化的规律，山水画在表现大自然的同时也表现着物种的进化，所以才决然少见史前的动植物和原始的巢穴之居。但它的形式是会永远存在并发展下去的，匿迹的是一些内容，这同时也表现出变化中的进化。

——发表于《成都建筑》，1992 年 03、04 合刊——

聚落

巴蜀聚落民俗探微

北方人入川，惊异川中无屯子、村庄，而只有市街形态的聚落场镇。此真可谓“旁观者清”，一下就看准了四川传统村镇形态和北方乃至全国不同之处。为什么在四川会出现这种景况？显然，它是地域辽阔的中华版图多元文化、多社会因素构成的人文地理现象，同时也是一种区域建筑及文化现象，更是巴蜀地区独有的空间现象。

巴蜀地区无自然聚落现象

清代初期，清政府在四川疆域上做了很大调整，把明代所辖与陕西、湖广、贵州、云南等地相邻的部分辖区改易调整给了上述诸省。如：“康熙四年（1665）改乌撒府隶贵州”（赵尔巽:《清史稿》卷六十九）。“雍正四年(1726)，因四川东川府与云南军甸州接壤，兵部复准改隶云南就近管辖。”“雍正五年（1727）镇雄府、乌蒙府亦同时改归云南管辖。”“雍正六年（1728）四川所属遵义府改归贵州省管辖。”“雍正十三年（1735）四川夔州府所属之建始县，改归湖北施南府管辖。”（以上所述引自王刚《四川清代史》）

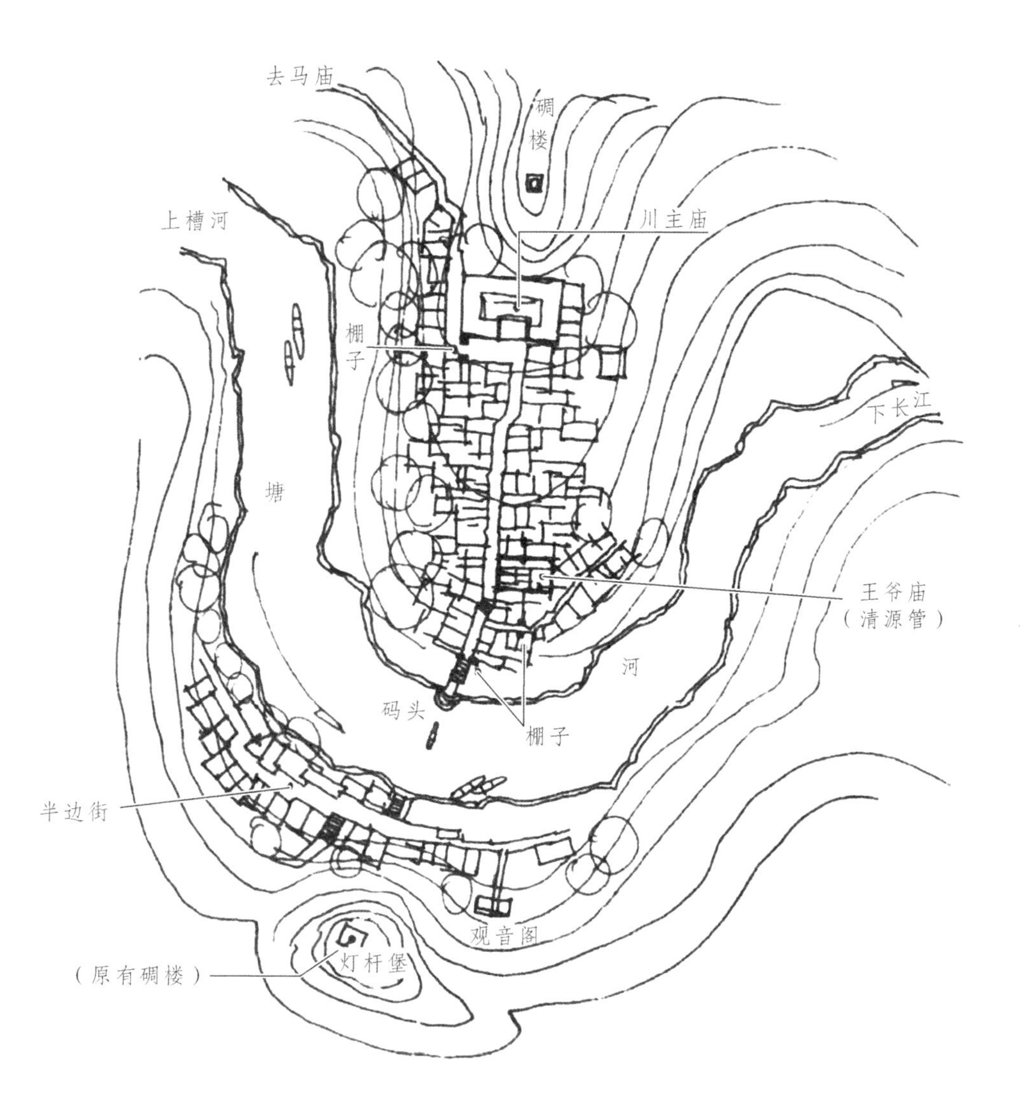

唐河古镇总平面示意图

引以上所述是想说明清代以前四川所辖疆域较大。经笔者考察，其文化现象和四川盆地汉族居住区域无本质差别，其中包括传统民居及传统村镇形态，属同质形态。将这种现象范围更明确一点：即北起广元、巴中、达县地区，南至贵州遵义、毕节、威宁地区部分，东起万县（今重庆万州）地区，西南至云南昭通、东川、镇雄、会泽地区部分，包括四川盆地全部。范围内以汉族为主，人口1.4亿以上。与此同步的其他形态，如衣饰、语言、饮食、民俗、习惯等社会因素也同质同形。即很大部分属西南官话范围，这样，作为物质民俗之首的建筑现象则难以独立于渊薮之外。亦即这些地区，基本上少见自然聚落，多分散民居及以市街形态出现的特殊聚落场镇。

上述地区凡与少数民族毗邻，尤其藏族、羌族、彝族聚居地区，一过界，便是截然不同两重天。汉族一边，以场镇聚落特征出现，另一边则全然传统自然聚落分布。这样的空间反差表达了民族个性差异，也反衬了巴蜀地区独特的汉族空间区域个性。不仅如此，在各自的聚落内部，民居也呈全然不同的个性形态，即从里到外各属一个空间系统。

从“百姓爱幺儿”民俗说起

流传在四川汉族地区的一句俚语“皇帝爱长子，百姓爱幺儿”，可谓深入人心。何以此俗具有持久的生命力？它对居住形式及村镇发生发展有何影响？其深层背景何在？

据历史学家考释：春秋时期甚至商朝始，中原地区生产力呈上升之势，自然因素对于民居及聚落形态的制约逐渐下降，经济及文化日趋发达，社会与文化因素在聚落发展中逐渐取代自然因素的影响。同时封建时代国家机构渐渐形成，帝王的嫡子有了王位的继承权，而庶子则被分封。历史学家认为：“分封就是分家，分家还意味着儿子们分领土地分散居住。”分家亦是分氏，姓氏也就在那个时期开始形成。庶子即与嫡传正宗相对的旁支，后泛指百姓众民，即庶民百姓。皇帝王位长子可承袭，而百姓的依靠，养老送终的赡养则只有依赖小儿子。最小的儿子是弱势群体，是父母最疼爱、最需要扶持的。所以，民间“爱幺儿”自是必然，老人也顺理成章视小儿子的居住地为主要赡养居住地。这就制约了围绕长辈住宅组团居住，从而形成聚落的契机。自立门户的其他儿子们则散居在他们的土地旁边，散居格局于是发生。

我们讨论的是区域聚落的形成及民居现象，上述与此何关？是的，当时中原这种现象很普遍。然而自秦统一四川后，大量中原移民入川，通过军事征服也自然地把这种民俗“制度”用最有力的组织形式给予保证，在巴蜀地区推广开来。此俗在成都牧马山出土的著名东汉画像砖庭院图中得到印证。此庭院和现在四川民间绝大多数庄园在布局与空间上神形同质，也和当时中原如“河南郑州出土的汉墓空心砖上刻有前后院的住宅”（刘敦桢主编《中国古代建筑史》，1984 年第 2 版）同质同形，说明四川汉代庄园与中原住宅有血缘关系，是一种分散居住现象在汉代还同步推行的事实。理应是秦统一四川在住宅民俗上的延长。刘敦桢甚至认为：“川中路程，每公里折合 2.5 华里……疑川省各地里数乃秦、汉所定，相沿迄今未改。”《刘敦桢文集·三》，P：255）然而到了后来，中原出现了大大小小的聚落，显然，那是宗族血缘关系结合起来的村庄，是封建时代高潮期的一种物质鼎盛现象，是生产关系发生变化的空间佐证。当时如理学、科技、绘画、易学、城市建设等也呈现高度发达状态。比如，宋代山水画中，出现了其他朝代罕见的非常讲究的聚落形态描绘，且是山水画中房屋表现的一种时尚。四川的历代山水画中却没有发现聚落表现，多是单户散居现象，直到当代。

在巴蜀地区住宅的民俗上，仍然沿袭着秦汉以来的居住模式，即单家独户散落田野过着自由自在的农耕生活。继续“其风俗大抵与汉中不别，小人薄于情理，父子率多异居，其边野富人多规固山泽”（《隋书·地理志》）的不依赖血缘纽带的独居形式。

至宋代，宋太祖发现了这一问题。《宋史》言开宝元年六月，宋太祖下令“荆蜀民祖父母，父母在者子孙不得别财异居”。二年八月丁亥又诏：“川陕诸州察民有父母在而别籍异财者论死。”可见，宋代山水画中表现的中原聚落在宋朝皇帝眼中是文化正宗，巴蜀地区分散居住的现象是“小人薄于情理”，是抛弃父母的不孝道行为。一直到清代，这种别财异居，“人大分家”俗风仍势头不减。直到中华人民共和国成立，即北方人入川见到的景况亦如此。

一定程度上讲，这是先秦中原居住文化在中原以外地区大规模的传承，后来中原这种民俗文化消失了，反而在巴蜀地区得到全面系统的传播与承袭。这实在也是中华非物质文化的一种叹为观止的奇观，亦可称巴蜀地区还在传承沿续几千年来的中原居住文化。

川东单户庄园

川东单户民居——庄园

川南碉楼单户民居

巴蜀地区一些聚居现象

我们说村落即聚落，是同一个意思，即以农业为主的，星罗棋布分散在田野上的一种物质空间组团现象，开始只是为满足遮风避雨、抗御寒暑的基本居住要求。这种聚落形成是以血缘关系作为纽带，聚族而居的，在巴蜀以外地区延伸至今，是农村常见的聚居形式。无论聚落发展到多大规模，无论内部空间组织如何反映宗族结构的井然有序的，封建伦理仪轨划分如何尊卑分明，谱系层面对应如何错落有致，终不过血缘关系空间化的极端而已。这种极端现象在巴蜀地区农村和城镇是不多见的。如果说有这样的家族结构空间，则追求的是另外一种特殊的空间形态寨堡。如隆昌云顶寨、自贡三多寨等，成一族、多族组合的松散的聚落。起因多为躲避战争的威胁，而不是生产生活的肌理性发展。时过境迁它们必然衰败，何况这些寨堡旁边最终还是形成了场镇。

恰有不少城镇街段，小片区出现血缘纽带构成的空间现象，如巫山大昌有“温半头”“蓝半边”。忠县洋渡有古家几弟兄相邻组团的街道民居等。此正是本文核心追寻的巴蜀聚落走向的另一个层面——巴蜀场镇，一种以市街形态出现的多元结构聚落终于凸现。

自秦以来，巴蜀地区基本上是一个移民社会，此况直到20世纪中叶，其时三线建设、移民运动不断。古代移民多为地缘加血缘关系的迁徙，两千年来，无论来自全国什么地方的居民，一到四川，便不由自主地入乡随俗遵循“人大分家”习俗，开始分散居住。

自然，他们失去了血缘聚落于田野的机会，但也出现了相邻较近、视听可达的地缘性大聚居现象，如成都东山五乡，荣昌、隆昌交界地区，西昌黄连乡的客家人大聚居格局等，但终不是传统的聚落形式，而只是地缘散居较近的一种形式而已。除四川外，还有湖南、江西、安徽等省移民各自散居较近结合，从而在时间形态上也同步产生了语言岛现象。但它和以血缘为纽带的空间组合有本质区别。在巴蜀地区南部，即与云贵高原接壤的汉族边缘地区，渐次出现了散居与聚落过渡的空间现象：一是民居有规模的组团现象出现；二是有祠堂昭示这是以血缘关系形成的组团；三是场镇数量开始减少，说明场镇一些功能被聚落取代；四是生产力较低、经济文化滞后、自然因素对民居及聚落的形成起的作用更大；五是巴蜀“人大分家”的民俗约制力在边区已呈强弩之末。此况和发达的巴蜀文化中心地区的云阳凤鸣镇彭氏宗祠进行比较：虽然彭氏民居散布宗祠周围，构成了以宗祠为中心的空间格局，但彭氏血缘关系终没有以组团形式通过聚落表现出来。

至于当今我们在农村看到的民居组团貌似聚落的现象，多是清末以来，封建王朝解体后秩序混乱，分家民俗渐次失去约制力的一种外在表现。只要深入进去，就能体验到和北方血缘聚落的差异，是一种毫无规矩可言的随意乱搭乱建现象。

地缘、志缘、血缘关系构架市街聚落

巴蜀地区究竟何时开始出现市街形态聚落进而形成城镇的？史学家各说不一。有学者认为是春秋战国时期，有学者认为是秦统一后巴蜀中原移民入川后，原世居者聚落被中原“别财异居”习俗冲散，单家独户的农民有强烈的交流、交往、交易要求，聚落开始以市街形态出现。同时中原治城格局渐渐渗透巴蜀城镇，尤其是县治所在地以上城镇，只要地形允许，必出现南北、东西两大轴线街道，并为公共建筑与民居框定了分布格局，此况实则形成了城市的最初构架。自然“聚落”这一概念已经消失，而我们要探索的仍是聚落形态。它不过是以市街形态出现，哪怕它最后演变成城市，但它的构成特征中仍残留着血缘的内在因素，这就是场镇。

川西北羌族聚落：老木卡

巴蜀场镇在清末已达 4 000 多个，全国第一，理应是城市之下的一个空间规模级别，或者说是数量巨大的一个内涵丰富的多元素构成的市街聚落体系。其基本构成框架可归纳为地缘、志缘、血缘三大领域。我们从公共建筑的一般分类中，可以从上图窥视一些端倪。恰好靠这种血缘关系在农村的自然聚落必需的内在纽带建筑的祠堂，即宗祠之类，在巴蜀场镇中较少发现。它们孤立地分布在农村，与散居的家族民居不形成组团，遥遥相望。此况反证巴蜀场镇不以血缘关系为主体结构的事实，故无血缘性公共建筑的大数量发现。但不少场镇形成同一姓氏、家族小片区、小街段的民居集体排列组团现象，则是对远古农村血缘聚落的眷恋，如巫山大昌“温半头”“蓝半边”等。若以地名学的角度观察，诸如李家场、马家场、文家场等，不少是该姓居民场镇最早入主者、创建者，后来便以其姓氏呼之。

但没有发现一姓一氏最终覆盖场镇者。形不成场镇者，则以某家院子、某家朝门、某家林盘称之，即成散户。

关于儒、道、释三家公共建筑在巴蜀场镇中的地位与构成，则视具体情况而定。总的情况是佛教寺庙较多，道观其次，还没有发现有文庙、孔庙之类。至于相当于衙署等行政性质的公共建筑，尚未发现。

巴蜀移民社会生存之道，在过去更多的是同乡、同道的协调与帮助。主要靠“帮”，即集团、帮会。清末民初四川哥老会的发展，可以说是这种社会形态的一种极致、一种畸形形态。良性的发展则是团结，不排外。空间状态是虽错落却有致，组团较杂却有序可循。这仍然有世俗即市井市民性格因素在里面。它使人联想到西安半坡村落：一个大房子周围辐射出几十个小房子来。那些场镇街道上的会馆、祠庙大房子周围不也围建了若干小房子民居吗？民居中的居民身份不也与大房子息息相关吗？它们之间的缘分不也是一种尊卑观念的流露吗？

散居得以延续的综合因素

上述“别财异居、人大分家”的民俗以及父母随小儿子居住的现象，导致巴蜀农村以散居为主、无法形成村落，成为促进场镇发达的一个主要因素。产生这样现状的原因当然不止于此。

笔者认为：分田到户仍然是当今提高生产力的最佳方式。可以想象，两千多年前在巴蜀之地就萌发了靠近自己耕种地居住的习俗，无论土地是谁的，是否佃农。这和分田到户形式上一致了，劳动效率也提高了，因而形成的社会关系即生产关系大大先进于家族似的集体生产活动。这种生产关系带来的社会进步必然使这种关系的存活期得以延长。

清代“湖广填四川”移民运动的土地政策是“插占为业”。实则是谁先来谁就可以多占土地。先来者土地的宽阔为后来的人分家、土地租佃创造了分散居住、利于生产的条件，无形中又延续了“别财异居、人大分家”

的民俗。于是，聚落仍然无法形成，血缘性的房屋毗连而居，组团相拥没有生存的土壤。

20 世纪中叶的合作化运动企图改变这种生产关系，结果导致生产方式改变，生产力水平下降。当时掀起“大兵团作战”，有的地方已经开始集体居住，至“大跃进”晚期，国家经济到了崩溃边缘，不仅聚落没有形成，还导致毁灭性灾难。改革开放后，又回到了分田到户政策上，其乐融融的生活又出现了。

上面叙述这样多，都是论证民俗是一个不可忽视的方面。虽然它是表象，对于巴蜀民居与聚落的形成，和其他地方比较，很可能有时超越了其他的主要方面，众所周知，影响聚落形成的自然因素有气候、地形、地貌、地质、材料等，社会因素有宗法、伦理、血缘、家族、宗教、风水、习俗等，然而，这些关系有时不是均等地影响聚落的形成。在特殊的地区，某一特定的时间，在特定条件下，某一方面的因素所起的作用和影响会超越其他。一种广义文化与民居及聚落，分属形而上与形而下的不同观念。形而上的观念经历史沉淀，一经形成便渗透到生产生活各个领域，左右着人们的生活，影响着民居及聚落这种物质形态及周边的环境。这是历史现象也是空间事实。

川西场镇：火井场

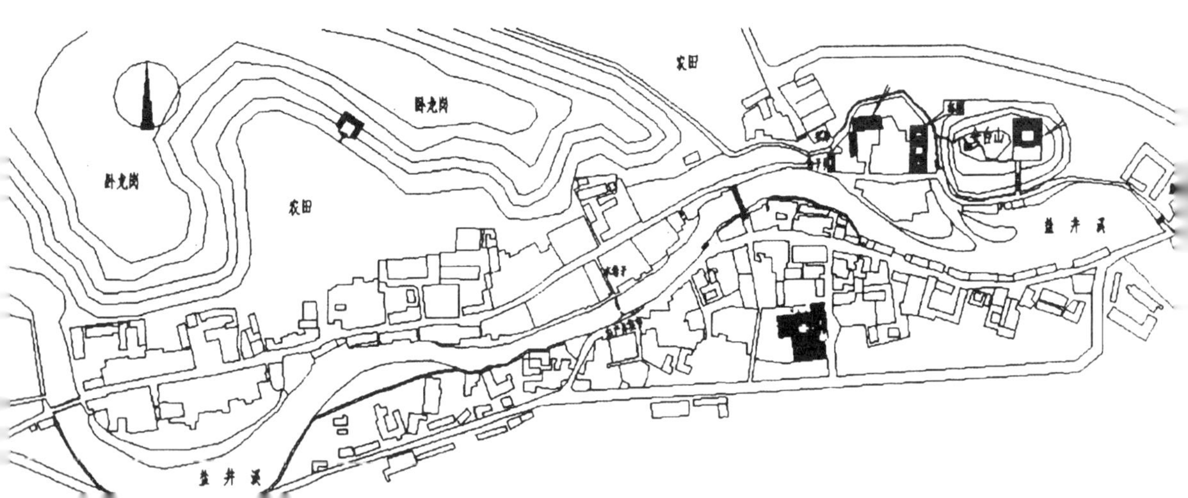

川西场镇：铧头

川西单户民居　川北场镇：柏林沟场

川北单户杉皮树民居

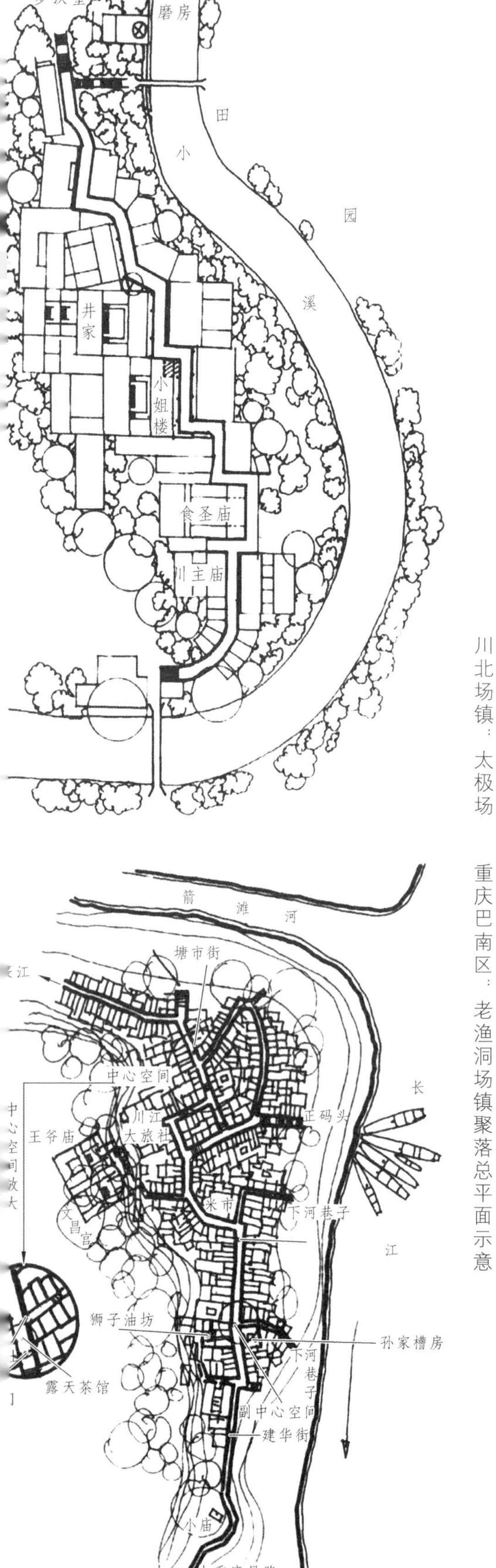

川北场镇：太极场

重庆巴南区：老渔洞场镇聚落总平面示意

回到研究的原点

什么叫研究，研究就是探谜、解谜，去追究一些现象是怎样形成的。而现象的发生及过程即是原点，亦即谜底。离开了产生聚落的农业封建时代这一背景，离开当时的生产力、生产关系，以及由此产生的社会因素，包括民俗因素，孤立地、片面地看待一个问题，显然总是矛盾百出。

建筑学、规划学的高等教育中，凡涉及此类问题的学风，皆弥漫着一股知其然而不知其所以然的快餐文化，症结问题在不想下功夫上。如当代沿马路两侧毫无节制地建房问题、城郊接合部快速组团建简易房出租的问题等。当我们研究这些问题的时候，能不能够回到聚落的原点上清理一下思维，看农业时代有序的空间组织，深厚的文化铺垫是如何施展智慧的？这就需要我们多花些时间做调查，多费脑筋去思索。成长期和寿命是成正比的，有的东西可以快一点，有的就不行。建筑创造活动就是漫长的人类文化追求的目标之一。然而它又有区域性的世界性差异，中国民居之所以在世界上占有一席之位，本质在区域创造活

川东场镇：唐河

动上，原因就在于它的漫长，没有漫长是谈不上积淀的。积淀是需要时间的。只有通过漫长时间的淬炼，它才会酵发出永恒的魅力。这就是一个事物永葆青春的文化寿命根本。

巴蜀聚落及民居经两千多年流变，适成现状。其民居风俗的影响几成颠扑不破的定律，雷打不动地甚至顽冥不化地走自己的路，原点就是它有这样生存的土壤，结果它创造了个性，也创造了清末全国最多的市街聚落场镇，一二十年就把中国万千城市全部更新完毕。所以，万千城市必定一个样，喜否，悲否？留待后代去评说。

——发表于《南方建筑》，1988年——
——国际人类学与民族学联合会
第十六届世界大会专题会议论文集——

神秘的成都古镇

清末至民初，现成都市域所管辖范围内的区、县、市的古场镇已多达400多个，大部分分布在成都平原上，小部分在山区、丘陵，这个数字是当时四川古场镇的十分之一。在四川，乡土文化，包括乡土规划、建筑、乡土非物质文化等方面，它们是否具有文化潜质、文化资源意义？显然，当今“古镇热”已做了响亮的回答。

为什么学者会去关注古镇？为什么游客越来越青睐古镇旅游？通过对成都市域古场镇的分析，我们可以一窥端倪。

成都古场镇的由来

成都古场镇备受世人关注，原因是在这块中国西部富庶又神秘的平原上出现了很多与众不同的东西：三星堆、金沙遗址、古城址、都江堰……还有在密如蛛网的平原水系上，分布着宇宙图案式的大大小小的绿色斑点，那就是全世界罕见的、成都独有的生态原点——林盘。这是一个被世人忽略的全生态、超低碳、极富个性的散居模式，是人类经历万年后找到的宜居场所。长久以来，林盘显得十分神秘，而被四周大片乔木、竹丛围合、犹抱琵琶半遮面的屋宇时露时藏，让外人难以一窥究竟，越发加深了它的神秘。

林盘的具体形态是：清末以前，里面几乎都是一家一户的散居户，我们调查了上百林盘，没有发现一处是以血缘为纽带组群的家族体系而形成的聚落或曰村庄。房屋都是草或者青瓦覆盖，穿斗结构，偶有祠堂或庄园大宅。不同于天井数量的多进民居，多悬山屋顶，就地取材，或木构、夯土，卵石砌墙，如此而已。几乎所有林盘的散居户都在房前屋后遍植乔木、竹子、果树，以做生产生活之用。久而久之，房屋便被葱茏林木所覆盖。远远望去，在周围一片坦荡的、四季色彩变换不断的田园中间，突凸出一立体的深绿色林丛，宛如圆形磨盘，林盘之称谓由此而来——这就是自秦统一四川以来，出现在巴蜀大地上，有着浓厚中原色彩的单户散居现象。但与中原地区有所区别的是，由于成都平原特定的平坦地理环境，川西林盘在分散居住的同时又被绿丛围合，呈现出一种立体的绿色景观，形状独特，有相当数量的林盘形成了很大的规模。

为何在川西平原会产生如此独特的居住方式呢？笔者认为，秦在全国推行的不准集中居住是渊源。更进一步说，由于不准集中居住，人们就不会聚族而居，形成村庄、屯子等聚落形成。因此从这种意义上讲，林盘只是一个绿化非凡的单户散居体而已。川西平原没有聚族而居的村庄这个事实，已得到考古发掘的印证。在四川出土的千千万万汉代画像石、砖、棺中，没有发现一例是对聚落的描绘，包括著名的双流牧马山庄园图像在内，只反映出当时的建筑形态，而不能说明是否为聚落。而且遗憾的是，古人做建筑图像，极少雕刻自然环境如林木之类，只是干巴巴的房子，所以就没有当今关注的绿化问题——林盘现象了。其实我们从当时的生产生活和气候原因进行推测，则不难发现，林盘在那时实际上已经存在。

上述之论的核心是：以成都平原为代表的巴蜀之地，古往今来的农村，没有聚落，只有单户。问题就来了：人们交流、贸易、聚会、联乡谊、求神拜佛，又到哪里去呢？于是，一种适应社会发展的空间模式出现——以市街作为形态的聚落开始孵化、生成。如早起的露天草市、码头水岸临时交易场所，乃至逐渐有房屋围合而成的市、街，那里就是场镇的发端。而上面反复琐论强调林盘绿化一式，又必然会引申到平原场镇绿化上来，并成为和其他巴蜀场镇不同形态之处。成都古镇因为有了林盘绿化基因而具备了当代生态特色，亦可以说成都古镇是林盘式古镇，其风貌在中国乃至世界小城镇中独领风骚。

林盘是成都平原独有的一种集生产、生活和景观于一体的复合型农村居住模式。一个林盘往往以数个农村院落为圆心、形成直径为50～200米的圆，圆圈内层是环绕院落的高大树木，外层则是耕田。

诚然，场镇的发生还与交通、矿业、宗教等类型有关，但成都平原纯粹就是一个高度发达的农业地区，它的生成基础是农民，所以成都古镇多为农业型。

古场镇是乡土服务中心

德国地理学家克里斯泰勒1933年创立的“中心地学说”认为：一个区域、国家，必然有以城市为特征的中心。围绕最大的城市规律性展开结构性的城市网络，从而形成大、中、小不同职能的中心地点和不同的空间结构，并呈规律性的分布，它们的职能是为周边地区服务。这个理论同样对成都平原城市中心论进行阐释使用。那么，成都市域内的古场镇就是“大、中、小”里的“小”一类职能中心了。它的空间结构是成都（大中心），周边原县城双流、郫县、新都、金堂、浦江、邛崃、大邑等（中中心），县城周围场镇（小中心）三者互为依存的结构性布局，亦形成规律性的选址，即建镇格局。如果再往下就是散居在这些城镇周围的单户或林盘了。从这一点来说，这种大、中、小格局的“小”不是自然聚落而是小镇，因而具备了对周围农村的服务能力，从而成为服务中心。显然，这在职能上是不同于自然聚落的。如果此理成立，即意味着，自秦以来，巴蜀地区大、中、小城镇结构体系已经开始逐渐形成，成为完备的中心构成层次。如果仍停留在聚落层面上，其血缘结构的宗族特质不可能公平公正地成为服务中心。所以，场镇是社会进步的机制体现，是两千年来就形成的城镇体系重要的一环。当然，这一切又和场镇人口构成的非血缘体系有关，尤其是和秦以来不断增加的大规模外省移民有关，因为只有“五方杂处”，才可能对封建血缘性的各类物质组团形成最大的冲击。

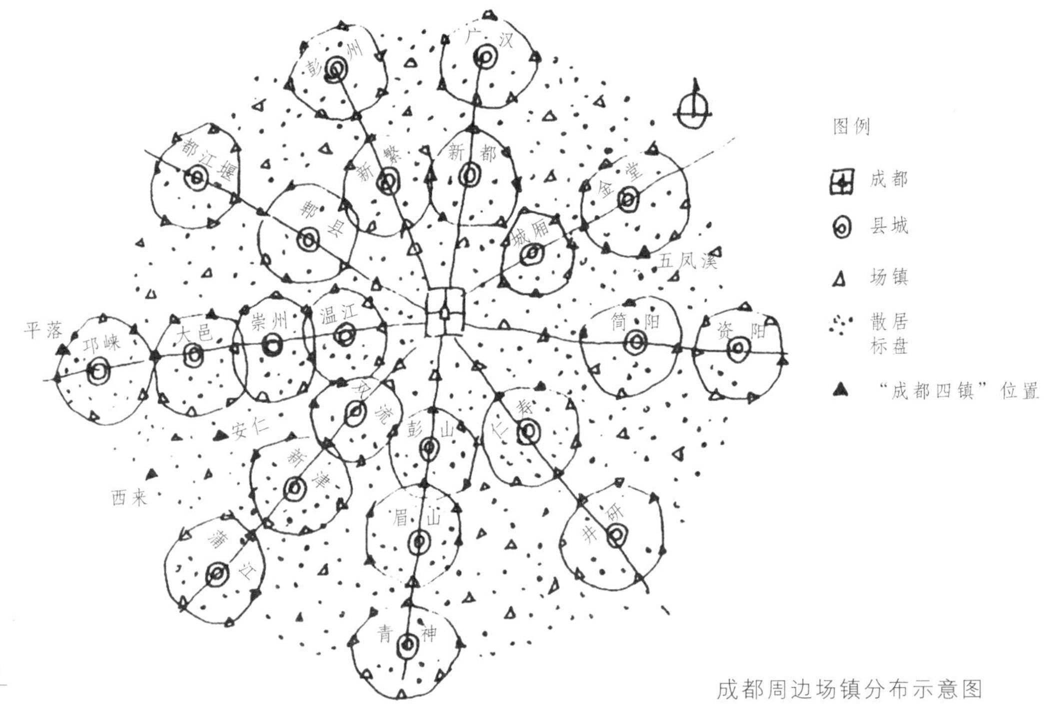

成都周边场镇分布示意图

如果把大、中、小散户作为点，水系、道路作为线，四季色彩变化的田野作为面，从天上俯瞰成都平原，其点、线、面等形式构成的大地肌理犹如宇宙图案，真是美不胜收。它的多样统一在于这些形态的丰富性，而且它还不断运动和发展，时间上没有终点了，空间上也无可预料。在农业时代的成都平原，这种状态虽为人作，又宛如天开，是世界城镇中一个无与伦比的大美田园体系。

而这一切又需回到“点”上来。这些散户和林盘是大大小小的母体，创世纪地编辑大地图案，同时又创立了多元的、复合的、立体的社会结构，提升了生产力，改变了生产关系，成为平原发达的农业巨大的推动力。成都古场镇作为前沿的农业型聚点、服务中心，林盘功不可没。

古场镇形状和神态

成都市域古镇大部分在平原上，小部分在丘陵、山区。无论何处，它们千方百计想靠近水边，然后建一条街道顺着水岸铺陈，街道两旁再建些民居、商铺、宫、观、寺庙。所谓风水有理于其中，其实多多少少是神秘化了。但视水为上、为善、为脉、为命则与生存休戚相关。无论何镇，一查发端，最先入者必然先找水，或泉、溪、河、湖，把生存摆在第一位。在平原上，古代通船、通筏的地方，有码头、水埠的人家肯定是入驻最早者。仅此，已经和纯粹的农业自然聚落不同了，不是做庄稼一族一家的营生了。突出之处是各色人都可以在这里一显身手，各行各业均可在此大放异彩，人间万象亦可风情展露。这就形成了一条街，通称“带状”的场镇形态。无形中它就成为四方八里的服务中心，是县城所在镇以下低一级的特殊市街形态聚落。

县城所在地街道必须是南北向、东西向两条街道相交呈“十”字状布局。宫观寺庙等公共建筑必须摆在东西向街道的北边，民居摆在其他地方。如原为县城的崇宁县的唐昌、新繁县的新繁、崇州的怀远等，严格来说不能呼之为场镇，而是城镇。因为城有墙围合而曰城墙，有镇于其中为城镇。而“场”者，无围合的开敞地也，和街道一起而已。二者形状差别太大，谓低一级使然，故曰场镇。场镇里面包含随意、自然之意，故公共与私家建筑大致可以混存，不讲究南北、东西。所以，相比之下，古场镇形态往往起伏跌宕、集中多变、杂陈丰富、曲折婉转。

不过，从与县城和省城的关系上来说，场镇街道方位、走向就有规律了。东西南北数百个场镇，不是以县城为中心就是以省城为中心，或先县城后省城。表达方式以场镇街道走向为准。举个例子，徒步从都江堰到成都，要经过聚源、崇义、安德、郫筒、犀浦、土桥、茶店等场镇街道，你不觉得徒步过程非常顺利自然，能毫无阻隔地穿街而过吗？这就是省、县城中心的魅力和之所以叫中心的职能形态辐射，无障碍的空间呼应和贯通，似乎一根直线就可以在都江堰与成都间拉直穿过场镇街道。举一反三看其他方位，同理可证。但县与县之间的场镇街道走向又有区别，与大中心即成都方向无关，只是因两县之间直线联系从而形成街道走向。

成都平原无论城市还是场镇，都是一条主干道路，以成都或县城为端点，端点就是中心。它需要用街道这样的“线”来表达，于是这些街道成为去成都或县城最便捷、最出生意、最有景观、最有文化、最具人气的经济走廊和美学走廊，概而言之谓之人文展廊。如此，构成了以成都为中心的有“线”可寻的庞大辐射网，网络就是成都平原居民用脚丈量出来的人文坐标，坐标点便是城镇和场镇。

当然，街道又是成长或消退的生命体，经济越昌盛，中心城镇越发达，人流就会越多。相反，经济衰退，街道也就停止生长了。还有一个有趣现象，川人方向感较差，不知是否与场镇遍布有关。像成都平原，本来平地易于日月星辰相准方位、方向，但恰恰不讲此论的大量场镇出现，加之太阳天少，阴霾天多，于是人们多以物象来描述，诸如“抵拢倒拐”（四川方言，一般指走到路的尽头，向左或向右改变方向行走）、“出场口顺到石板路走”之类指向，却又给场镇增添些许神秘。

乡土建筑文化富集之境

全国各地古镇，集“九宫八庙”于一镇中者，实不多见。而巴蜀之境，尤其成都平原古场镇，则处处会馆、寺庙、祠馆等公共建筑林立，不少拥有半镇之势。发展到清代，随着“湖广填四川”的移民高潮到来，其势更盛，尤以移民会馆为最，有湖广人的禹王宫、广东人的南华宫、福建人的天后宫、陕西人的关圣宫、贵州人的黑神庙、江西的万寿宫、世居川人的川主庙等为主体。再有行业祠庙竞相争辉，有航运业之龙王庙、屠宰业之张飞庙、医药业之药王庙、百货业之财神庙等。加之一些佛寺、道观之类，可以想象，区区弹丸小场镇，能容得下、承载得起如此多数量、大体量的金碧辉煌阵容吗？虽然一场一镇不可全有，但多多少少也构成了巴蜀古场镇无与伦比的乡土空间特色。到清同治、咸丰年间第二次川盐、川米济楚之时，盛产大米的成都平原偕全川得到一次发展机会，从而成为中国内陆经济文化鼎盛一时之地，也成就了大兴土木、全面营造的局面。如今现存的大多数公共建筑和庄园、豪华宅第均兴建于此时。

有公共建筑，必然有维系呵护其存在的芸芸众生，载体就是民居。封建社会，百姓依附权势家族、行帮生存，各种势力要在一场一镇中得到平衡，相安无事，最易在民居建筑的形制、位置、尺度、进深、材质、装饰等方面表现出来。无形中，它和公共建筑一起造就了场镇空间的天际线、轮廓线、节奏和韵律。若此镇由文化人主持修建，或有些前期规划意识、后期补景，或有慈善家、开明人士、乡贤捐助，或乡人共建，其功能和布局结构就能不断完善。也有的场镇在周围布置亭阁等建筑，但很少有塔之类的风水景观构筑物，而场镇中街楼、戏楼、桥梁、碑林、凉亭、檐廊、水井等小品建筑者则比比皆是。尤其鸦片战争后，由于西方建筑文化侵染，天主教、基督教等宗教教徒在成都平原首开中西建筑结合的先河。不过摆在当今来看，这些教堂建筑大都相当尊重中国文化的传统，两者谐构得非常得体，亦成为一景。

于上如此，皆为川人好尚人文之风的特性，造就了四川以及四川成都的场镇人文荟萃景观大成。说到底，这是一种地域性极强的乡土人文活动和展示、一方百姓智慧的表露，这里面有传承、借鉴、集萃、创造，有时代烙印、有大师手法、有工匠小韵。这是一部乡土大书，也是一部天书，有的可读懂，有的茫然，有的独出心裁，有的莫名其妙，有的霸道，有的谦逊……这就是四川成都平原场镇的城镇人文史，绝对的社会发展断面。

风情万种话古场镇

传有巴蜀古场镇、成都古场镇同质诟说，流行甚广。其实，这是没有深入了解的原因，是大众绘画美学对建筑浮泛的解读，似乎有些肤浅了。

建筑，从广义讲，是近乎对社会、自然均有所覆盖的一门学科。一般人多以外观是否好看作评价。就巴蜀四五千个古镇而言，实则非常复杂。有廊坊式、云梯式、包山式、骑楼式、凉亭式、寨堡式、盘龙式、水乡式等，只要深入下去，就会发现它们有不少独特之处，可循此找到空间体征，最后得出一个深度的情理相容的结论。

如蒲江县西来镇，在周围山峦上鸟瞰：有绿冠如云的竹丛，黄桷树大丛大株地覆盖着一条青瓦木墙的老街，周边又被夹于临溪、小河两水之间，偶有炊烟升起，薄雾环绕，白鹤低翔。你一定会想起平原上的林盘，一种大林盘的静谧优美，一种成都平原古风弥漫的农耕原貌。唯一的不同在于里面的农家房舍变成了一条街，一条差不多就是本地农民经营的街道。这农商一体的场镇，其外貌内涵不是林盘的放大、变异、发展，一种纯农业的林盘场镇又是什么？这就是空间特色，一类区域色彩浓厚的乡土原生人文与自然的复合景观。

再有邛崃平乐镇，作为水陆两栖口岸，宋《元丰九域志》言："平落（乐）镇水陆通道，市口繁荣，纸市尤大。"说的就是秦汉以来，这里不仅有竹筏通往新津、乐山，形成水码头，成为造纸产业的产销基地，还是南方丝绸之路重要的旱码头，至今鹅卵石铺就的 3 米宽古驿道尚存。所以码头是此镇的关键词。那么，围绕它发生的一切空间现象都应该与码头有关。抓住这一点，则古镇成因、形态、现象从根子上都能得到圆满解释，其空间景观亦可由此追寻或延伸，从而使我们对古场镇的认识不流于表面化，不只谈皮毛之立面、装饰等点滴和局部了，也即是所谓的内涵，无论何种研究工作，事物发生发展的开始阶段即原点，切不可丢失。

大邑安仁镇，更是一种个性傲然、卓尔不群的场镇。特征是：街道两旁建筑多是权倾一时的民国上层人物的公馆大宅院，临街店铺则多是宅院下房，它们相对成排，中间留出通道，于是成为市街，直直的，宽度高度一样，每户开间尺寸差不多，细节构造也差不多……这就是民国年间房地产的商铺类。但它构成了组团，形成市街并拥有一类与成都其他场镇特别不同的形态和景观、分布与数量，尤其是延续了清以来场镇形态的发展，它的意义就非凡了。

还有成都平原边缘山区场镇，这个量也是不少的。拿金堂县五凤溪镇来说，它是一个山地型古场镇，虽因沱江航运码头而生，但是其靠着山，因此，一切空间生成皆由地形而定，无论街道还是公私建筑都有极强个性。关于“五凤”一名，有五凤为五个山头美说，又有五街对五凤成全对景说。此不但协调了山水街道关系，还控制了市街的规模无序膨胀。公私建筑纷纷以山水为依据，由地形主宰，似乎不遗余力地追求风水，哪怕风水选址要素不甚周全，也要找个说法。故有半边悬崖上开街，有坡街，皆成起伏跌宕貌，建筑也自由随意，倚岩临水而生，显得分外高峻而神秘。当然，整体形态就给人一反常态的奇险感、丰满感，这在成都就别具一格了。

综上几例成都古场镇的简况，无非表达一个不同的空间形态概念，但本文也只是泛泛而说，而且多以广义建筑学的角度在观察问题，自然不可面面俱到。如此而已，尚需谅解。

——发表于《中国国家地理》，2012 年 11 期——

三峡场镇环境与选址

三峡场镇环境包含自然环境和人文环境两方面。自古以来，这种环境随着时代变化而变化。比如自然生态方面，我们从某些外国摄影家20世纪初拍摄的长江三峡沿岸作品中发现，那时两岸山峦基本上是光秃秃的。所以晚清以来建筑用料越来越纤细。而这种状况又引起上游森林地区的乱砍滥伐，同时带来木筏漂流业的畸形发达。我们今天看到晚清公共建筑和一些大户人家的粗壮柱子用材，不少正是岷江、金沙江漂来的，这种势头直到20世纪末才被遏制。

三峡沿江生态失衡导致的恶果，著名的有秭归新滩镇场镇被泥石流淹没以及云阳鸡筏子滩泥石流几乎截断长江两个事例。而三峡地区每年大大小小泥石流不断，这就影响着场镇的选址及老场镇的安全。自古以来，人们对居住环境的选择至为谨慎。古人为此总结了一套完整的经验。当然经验的经典就是掺杂着风水和其他实际而又充满理想的生存必需。

古老的渔猎遗风

我们从大溪考古中发现，在探访的文化层中挖出很多鱼骨。这是5000年前甚至更早，人类在三峡生活的真实写照。问题是这个地方还处在两水即长江与大溪河相交的三角地带上，考古学家认为是三级台地。几千年来，这里的地质状态、生态系统没有发生过根本性的变化，是宜于人类栖息与生存的地方。几千年不大变的地方在整个三峡沿江地区是不是具有普遍意义？即三峡居民居住选址是否都传承着5000年前古老的人类居住选址的遗风？答案是肯定的。但渔猎不是唯一原因，是很重要的条件，是一种潜意识生活方便的因素。

长江干流有很多支流，在两水相交之地，支流往往带来很多鱼类的食饵，而支流水的流量流速受到干流巨大冲力的节制，形成若干回旋，这就形成鱼类聚集，为渔猎之人提供了天然渔场。如果遇上洪水时期，支流成为大小船只尤其是小渔船的良港。显然，两水相交的三角陆岸，不管它是坡地或台地，就成为人们常集中的地方。鱼与其他物品的交易等均可于此进行，这也许就是最早场镇的胚胎草市。1994 年，笔者在大溪镇调研时就在大溪河边的渔船上买了几斤（1 斤等于 500 克）麻花鱼佐酒。直到今天，两水相交处仍是渔船出没之地。不独三峡，整个川江水系网，过去只要是上述水流交汇处，自然均会衍生出人与鱼的故事。若无人，水禽也会常常光顾这里，此是生物共存的特性。

若我们选择长江的非两水交汇的江岸来追寻渔猎古风，很难发现上述生态优美之处。不过这里我们提出一个问题，为什么三峡古镇无论北岸南岸，大镇小市都几乎选址在两水交汇处而不在其他地方？后来我们从大溪文化的发现处找到了人群最愿意集中的地方，并从随葬的鱼骨中得到启示。其实古人早就发现了这一规律，并运用了很多道理去解释。笔者甚至认为风水选址皆由此得到启迪，而不是风水在指导人们去如何选址。原因很简单，若干年后风水之说才兴起，接着它又被用来指导聚落及房屋的选址。其基本山水物象与大溪时代何其相似，尤其把水看成江边人生存最关键条件。

风水选址水唯上

建筑上的风水选址说到底就是根据水陆两大部分来选址，任何风水之说离开水就不称其为风水。住在无水之地的人，风水说可以引水、造水、借水造景补景。但所有水景都必须在聚落或房屋住宅的前面，若前面是南方更好，东南或西南方也可。风水术的本事就是集中国南北优秀的传统聚落与住宅的选址的长处大成，然后把它综合优化成指导性的经验。其实，凡南北各地聚落与住宅的传统选址皆参考风水之说，不足是诸多限制不可能事事皆全。比如三峡长江是东西流向河段，传统场镇选址多在两水交汇

张飞庙大门斜开

云阳张飞庙

之处。但从人类生存的必需来说，这种古老的选址也就够了，它可以让那里的居民生活过得去，实际上是粮食和水源两大基本生存条件的保证。然而龙脉祖山的陆地和前面的河流同是人须臾也不能离开的，不管二者是在什么方位出现均可。于是我们看到三峡自古以来，不论南岸北岸，凡城镇村落都不约而同地在两水交汇处，在长江干流和支流的交汇三角地上落地生根。那些宫观寺庙亦如此法选址，如云阳张飞庙、香溪水府庙、奉节白帝城、忠县石宝寨等均无一例外地忠于此法。而稍为有条件的民居选址则更是如此。显然这里面从风水角度而言，更多的是顾及龙脉的山和朱雀的水的关系，其他则只有所懈怠了。

在山和水的关系上，长江三峡场镇居民的特殊性在于多数靠“水”而生存，而不是靠务农、种庄稼。所以他们视水唯上，视水为生命。这种神圣必然支撑着他们的理想和信仰。从重要性上讲，他们对水的依赖大于对陆地的依赖。那么，场镇也好，聚落寺庙、民居也好，它们的产生必然都与水的关系发生联想。这就产生了“水文化”—— 产生近水而居、和水亲密、以水泛说世象等言行。其中选址上临水而居最为关键。就整个场镇而言，则更要让人人都能感受水的存在，水与生命、水与钱财休戚相关。

过去人们生活依赖的职业非常脆弱，长江边靠水生存的场镇居民占多数，受“人的生死贫富全由命定”等宿命的封建思想局限，听天由命是一个方面，而企盼用一些穿凿附会之说改变人生处境的被动挣扎也是一个方面。后者往往和科学的成分结合在一起评说，这就使得风水之学包含了不少主、客观因素。比如场镇选址在两水交汇的三角台地上，其因虽复杂，但便于设码头，是三角地辐射农村的端点，有稳定的地质条件等科学依据。正是这些科学性的客观存在，才使两水相交之地成为数千年来人们乐于居住之境，并一直延续到现在。当然，时代局限又使得一些当时流行的思潮乘机和这些现象结合在一起以求解释这种现象成因，于是增加了场镇产生、发展过程的复杂性。

普遍的选址情况

A：两水相交夹角朝上游者的北岸。此类选址的优点是大型公共建筑依山而建，可得坐北朝南的最佳朝向。得地球自转偏向力作用之利，受洪水冲击没有南岸大，较安全；又是风水、儒学、民俗最完美的解释，无甚大缺陷的选址。

B：两水相交夹角朝下游者的北岸。虽然有很大比例县治和场镇是此况，但往往平行长江的上场口缺少了风水中朱雀之貌“金带缠腰”的两水相交状。此状给予了下场口，自然就损失了面迎长江上游风水之利的“进财”开口更大空间。其他同A。

C：两水相交夹角朝上游者的南岸。主要缺陷是大型公共建筑必须依山而建，要求基础牢靠，因而损失了坐北向南的朝向，同时洪水冲击比北岸大。其他风水、儒学、民俗的完满解释如A。

D：两水相交夹角朝下游者的南岸。这类选址如“B”类，但比“B”差，如洪水冲击比北岸大，南迎东北及河谷冬夏之风。故此类码头宜在场镇中段开口，如重庆奉节安平场等。

另外，还有在长江干流岸旁而无支流相交处，甚至连一点象征性交流形貌的水沟都没有的地方选址者，但虽经笔者考察考证，尚还没有发现。

两水相交多数场镇主干街道靠长江干流。也有部分主干街道靠支流者，如石柱沿溪、西沱，万州金福、新田等，其因在两水交汇处地形险峭、河滩基础不好等。上述情况亦是形成线型街道垂直长江布局状，著名的是石柱西沱巴东楠木园，不同点是地形是陡斜坡地。

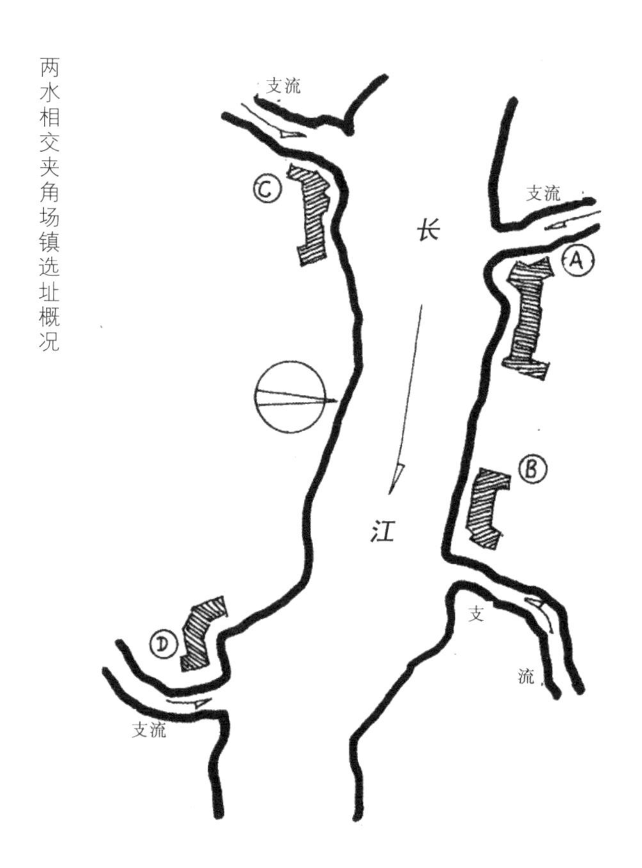

两水相交夹角场镇选址概况

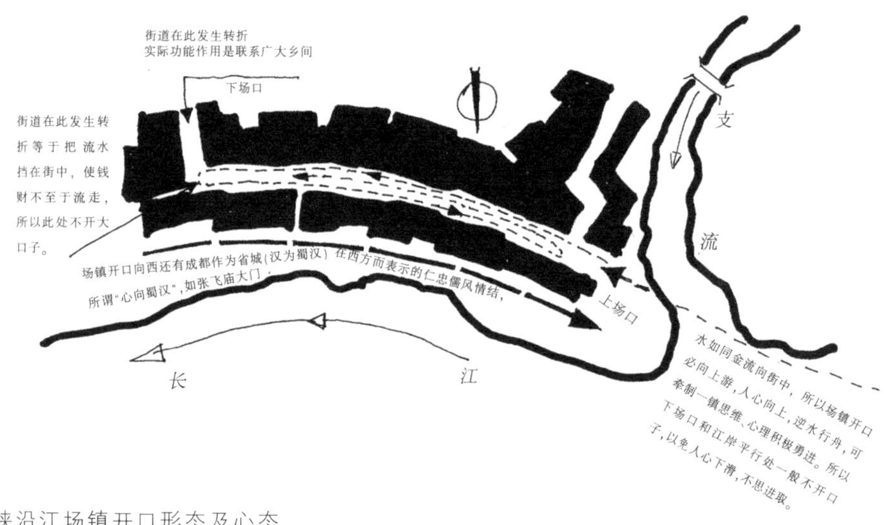

三峡沿江场镇开口形态及心态

心向蜀汉与心向重庆

云阳县城对岸的张飞庙，大门斜开向上游西方。不少专家和本地热衷地理研究的人士认为有风水原因，有的人则认为风水原因决然不存在，而是儒学原因，是大门向西方斜开的一个特例。原因很简单，张飞不是生意人，不希求风水中的水如同金银流向自己的怀中，以祈来世发财。全因张飞素以忠于刘备的仁义之举感动着后世，致使后人建庙时主观地把大门斜开，确也是当时影响民心的传统儒学因素作怪。成都在三峡的西方，也是上游之地，把庙门向西斜开是老百姓的意愿，意谓张飞死后心还向着蜀汉，唯有在大门朝向上的变动方才能凸显张飞的仁忠之心。

但是，在三峡，场镇、宫观、寺庙和民居中的大门斜开者就普遍了。奇怪的是南北两岸没有一家大门是向下游向东方斜开的。向上游斜开门恐怕大多数确系风水原因了。这一点，我们在上述已做了论证。但不可否认的是，湖北段的沿江建筑就没有四川段此般讲究，在现今一般民居和寺庙大门向西斜开的原因上，有不少人还说有版图因素。此大概是“心向蜀汉”生发出来的一种猜测，认为心向蜀汉还有属四川管辖的意思。然而湖北段就没有心向荆楚或大门向着武汉方向开的实例了，相反倒还有个别实例，如香溪水府庙也斜对着长江上游。于是三峡民居与寺庙中，凡晚清以前的建筑，则纷纷不是整座建筑斜向着上游，就是在大门和轴线关系上偏离产生一个很小角度斜向着上游。即使不行，至少也是垂直于河面。如果是整个场镇街道，众所周知，无论南岸北岸，也仅有一例大门面向河面，由于诸多功能因素不可能家家都斜开门。还有另一例临河岸街道民居大门全部背着河面向着山坡，如此，正是前述所言，一个场镇必须以街道向上游方开口，亦正是归纳代表所有居民意愿，那么，就用不着家家都斜开门了。同时“心向蜀汉”向着省城成都的区域归属感也在空间上有机地达成了。上述是“龙门阵”，是故事，但不难看出潜在的无可置换的选址因素是故事最根本出发点，也是为了这种选址的自圆其说。

重庆以下长江三峡段地区，居民的生存很多因素都与重庆有关，所有的江岸场镇可以说是去重庆的跳板或驿站。居民言必称“千猪百羊万担米”，这是清代传下来的描绘重庆每日物资消耗的口头禅，故也有个“心向重庆”的选址问题。当然，重庆自古为“巴国”中心，其形成正是与水系有关。重庆水界三方，一为嘉陵江，二为长江以重庆为界的上游，三为长江以重庆为界的下游（指巫山县以上）。三方的人以重庆为终端，故重庆是三峡地区的物质领袖，而“心向蜀汉”的成都是精神领袖。两相比较，三峡地区受重庆的影响远远大于成都，几千年来已成特征突出的区域文化体系。

三峡工程建设历经 17 年，终告一段落。但工程建成后，并非一劳永逸，库区仍面临诸多疑难待解。

一是人多地少的基础性矛盾在库区显得非常突出；二是关于产业振兴的问题；三是生态环境的压力。

据 2005 年遥感调查显示，重庆三峡库区现有水土流失面积 23870.16 平方千米，占土地总面积的 51.71%，是我国水土流失最严重的地区之一。

另一个就是地质安全的防治。重庆大学教授、三峡问题研究专家雷亨顺称：“三峡地区因造山运动形成，历来地质环境脆弱，它的岩石并非整体而是破碎的，像一个有着完好皮肤的人，但内部却是粉碎性骨折。”

——发表于《重庆建筑》，2010 年 01 期——

成都城市“山”与轴线遐想

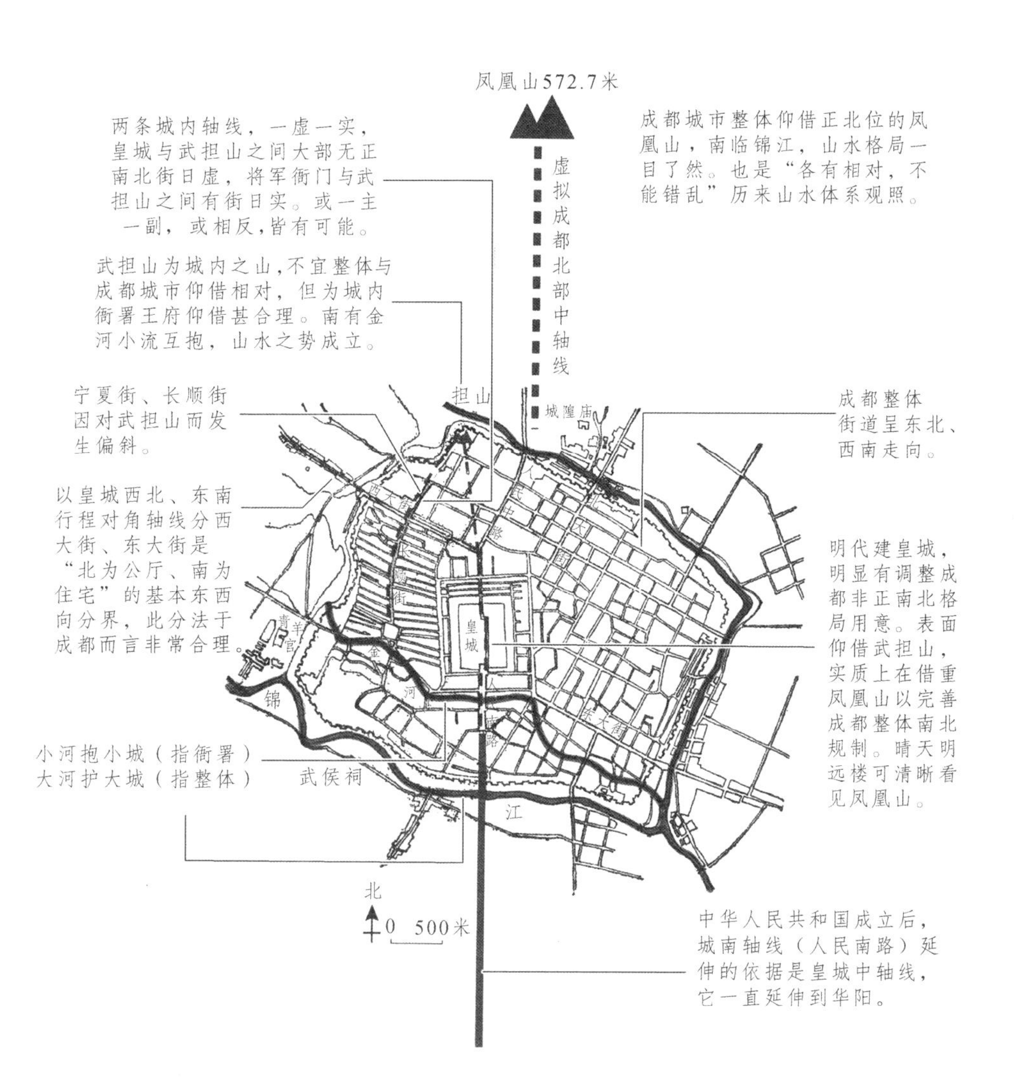

成都城市“山”与轴线解读图

古代成都城市规划遵循严格的“轴线”制度，至清代出现了两城两轴线同仰借一山（武担山）的奇妙现象，一虚一实、一主一副，大城为主轴线，少城为副轴线，以这两条轴线为中心进行规划，这种思想对今天成都的城市建设具有重要的参考意义。凤凰山是成都北部屏障，在“北改”过程中，可以将凤凰山和人民北路、人民南路这条轴线对接，营建成都南北世界第一长度的中轴线，并注意凤凰山的生态、文化建设。

一

成都自秦代建城至今，经历无数次城市改造，中轴线的控制和走向已逐渐成为城市发展的生命线，明代中心皇城校正前期城市东北、西南街道走向而规整为正南北方位的结构，其本身的发展演变与所蕴含的建筑、风水、文化等方面的价值与意义亦有探究的必要。

中国古代无系统的城市规划理论，但有一套完善的规划建设制度；风水、阴阳五行等概念也相当系统，两者的结合便形成中国城市规划思想，对城市的形成、布局、发展有很大影响，里面有些是糟粕，也有一些城市规划建设的经验总结。它汇聚了古代的文化与唯物自然观的建筑空间艺术，也累积了城市发展客观规律与经验。去其糟粕、取其精华，对现代城市规划理论予以评价与借鉴，是历史唯物主义者应采取的立场，更是创建城市的区域空间特征，树立城市个性形态，提升城市在国际竞争中的品味的重要手段。

自公元前 311 年张仪筑城始，成都就有了大城和少城，《华阳国志》记载其城市规划“与咸阳同制”。究竟同制到何等广度与深度，相关史料稀缺，说不清楚，但这样一座具有浓郁中原城市规划特色的西部城，则是值得反复品鉴的。尤其是中华人民共和国成立以来，经历城市改造、优秀的规划师们努力，成都城市的古典规划不仅有保留，还创新和延伸了不少科学的精华。如总体街道骨架非正南北，而是东北、西南向，城中心皇城，即明代藩王的宫城大格局则规整按城制建造，方正规则，并且是将正南北向的格局保留了下来，这是很不容易的事情。当然，少城的胡同和整体格局也同时保持了清代兵营味浓烈的“蜈蚣”形态，也是值得一书的。尤其令人惊叹的是，自中华人民共和国成立以来，对人民南路、人民北路的改造是睿智的，能稳稳地把握住成都城市脊梁中轴线的控制和走向、城市发展的生命线，卓有远识地将人民南路延伸到华阳，其深邃眼光直逼现今天府新区的规划思维，任何背弃、游离这条轴线的行为，将可能使城市出现无序、松散、迷失的情况。

我们不得不回到这条城市轴线的由来上来，众所周知，这条轴线理应是明代中心皇城校正前期城市东北、西南街道走向而规整为正南北方位的结果。这条轴线是否与其正北向的武担山甚至凤凰山有关，是否“蜀汉宫城在武担山之南”[1]的延长？或者还有其他原因，皆是可以发挥想象的。

二

成都于清代出现与明代的“皇城”中轴线格局大为不同的两城两轴线同仰借一山（武担山）的奇妙现象，这无疑是自古以来国人治城的以空间凝聚人心手法。

成都城市中心明代皇城（蜀王府）形成正南北方位，若画中轴线向北延伸，它的端点从风水角度言，向北必有一高地与皇城前的河流形成山（阳）水（阴）合抱之势，显然武担山就凸现出来，山正在北向不远的端点处，基本在正北位上。

成都属平原，若有一丘状高地权可当山。其貌必然为易学在风水畅行的古蜀社会所应用，就是民间建房也要觅一处依山傍水之地，何况王府之宫。其基本依据风水说法太多也太滥，但有一点，视北为尊应为重中之重。仰借北方之山首先是祖山龙脉之境，此理不仅有明代南京、北京城市及宫城的规制影响，更有近在眼前的阆中、三台、昭化诸多风水典范的实例参照。尤其明初太祖还颁布地方衙署遵循的范式政令规范，想来蜀王府是不敢越雷池的。但武担山“见高阜为武担山，昔五丁为蜀王担土成冢”[2]实为坟墓土堆，不是自然高地，若为祖山显见勉为其难，更没有因之延展的山脉，即龙脉呈绵远状。所以历史上少见文献资料风水说，即仰借武担山是风水之故。

中国风水不是科学的规划理论，但强调对景、借景、补景等灵活的规划手法，以求得居于山水之间的天人合一实践，是善于整体思维的结果。也是国人治城治国治理事物的飘逸风范，因此，拜武担山作祖山更多的像景观文化图式。但它确实成全、构成了蜀王府与武担山之间一条南北轴线，就是两者之间没有出现一条通衢大道，空间上一条虚置轴线是客观存在的，若因此要实施一条街把两者联结起来，形成实实在在的轴线，也是言之有理的。

当然，仰借武担山还可追溯到三国蜀汉时期“蜀汉宫城在武担山之南”[3]时，诸葛亮“营南北郊于成都”[4]就有可能把宫城建在明蜀王府与武担山之间而视武担山为祖山，也可能两者之间有轴线关系。这说明历代王朝建都城是极重视武担山举足轻重的地理位置的。

无独有偶，在蜀王府西的少城，也出现了一条轴线，那就是长顺街、宁夏街。

清代雍正五年（1727），四川省会由保宁（阆中）迁来成都，新城即大城得以大修，然而满城即少城已先于9年就开始砌城。少城既为兵营，同也为城池，不以兵营相称而以少城或满城谓之，出现“城”这一形态概念。新大城以蜀王府为中心，靠北依重著名的武担山，向南近临锦江，亦以其为轴心形成南北中轴线，有效地校正了成都城市中心正南北格局。那么“满汉分治”的核心机关——将军衙门又该当如何处置呢？

首先，从地形标高看，将军衙门标高505.54米，位于长顺上街三岔路口处，向南至金河酒店门口为504.30米，向西至宽巷子与下同仁路交会处503.76米，向东至桂花巷504.45米，而处于南北向的长顺街均在505米左右。虽长顺街仅高东西两侧1米左右，但从地形上恰成脊梁之位，又居南北之向，轴线之成别无选择。关键是街之北向出宁夏街正对武担山（正是造成宁夏街、长顺街发生偏斜的根本原因），南端至金河湾，将军衙门正处于长顺上街南段两条分岔至金河路的围合之中，同时又将将军衙门推至南北向长顺街的南端制高点上，其形其貌极似蜀王府格局。于是长顺街就天然构成满城的中轴主干道路，成为满城的脊梁，加之城墙围合，所谓“满汉分治”才有了形态之载体，而不是一句空话。

这种格局同大城蜀王府一样的是将军衙门，不同的是蜀王府在清代没有把武担山与之连成一条街（明代情况不知），而将军衙门向北形成轴线，通往武担山是一条无障碍之中轴街，这就有力地控制了少城的整体城池，同时也达成了风水考量中山（武担山）水（金河）合抱的居住理想。当然，这里面也有实用功能考虑，比如：因是军人之军营，一声号令便于集中宽于所有胡同的长顺街（宽 11 米）上，还有地表水东西向能由高向低地自由排放等。

上述，在成都城市格局中，于清代出现了两城两轴线同仰借一山的奇妙现象，一虚一实、一主一副，大城为主轴线，少城为副轴线，构成了虚实相生意象。诚然，秦以来的大、少城奠定了地理历史基础。历代政权更迭，不变的是城市位置格局。无论何故，城市北方有山、有丘不是坏事。或许，满城另立轴线还潜隐“满汉分治”的用意，进而取代明皇城轴线，理应也是言之有据的，因为已经改朝换代了。

三

成都正北的凤凰山和城市之南的锦江真正形成对整体成都的山水相拥、南北合抱之势，风水意义极佳。但因其与城市的总体东北——西南朝向有一定偏抖，因此其风水价值与意义一直被无视。

上论两地与武担山的轴线关系，是否因此就校正了秦以来沿锦江布置的整体城市东北、西南向格局呢？成都又在哪里去寻找与之相依、阴阳相抱、山水围合的理想选址呢？为什么古人非要选址于今址呢？

平旷之地的高丘凤凰山，基本位于成都城市正北方，高 572.7 米，与成都市中心两者高差约 76.3 米，距市中心约 6 千米，面积约 4 平方千米。傅崇矩《成都通览》说成都山有天回山（在天回镇）、凤凰山（在北门外）、武担山（在城内）。天晴时在皇城明远楼上三山可视觉相见，并东北向过天回山与龙泉山脉北段逶迤相连。

如果以蜀王府为中轴线向北延伸至凤凰山，向东北略有几度偏差，但基本上位于成都城市整体的正北位。山之形貌相对独立，呈钝角丘状，雄浑中不乏舒缓，在成都平原上显得非常震撼又非常优美。这个位置和城市之南的锦江才真正形成对整体成都城市的山水相拥、南北合抱之势。然而这样重要的山形地貌北尊之地，为何历来文献资料少有披露呢？事情恐怕出在城市的总体朝向为东北、西南上。就是说，如果以凤凰山为正北祖山之位，就会与成都城市整体街道走向形成一定偏斜角度，这在风水上就显得勉强了。所以，明代皇城蜀王府校正成都城市方位似有二意：一是以武担山正蜀王城单体方位；二是以单体仰借凤凰山正整体成都东北、西南向方位，或代表整体城市方位。古代没有远距离精准测绘仪器，能大致确定意会北方正位，其中有一些偏斜，也是常见的，因为北方是一个大角度概念，而不仅仅是正南北的垂直线。因此，成都城市东北、西南向街道就成为其次。此正是国人历来整体观察事物天人合一的滥觞。在中国没有任何一个古城、都城、省城拿到像凤凰山一样的北位之境的山丘而不做文章的，而“易学在蜀”的核心成都，恰恰就少见文献对它的记载。文本不是考证文章，只是一种猜测、一种疑惑。

无论如何，成都北方近距离有高出城区 70 多米的大山丘是可视、可察的，即使是古人城市选址的偶然，于今从环境学、生态学、城市学、文化学、历史学、景观学角度看，也成了成都战略发展的宏巨资源，理应是成都城市精神生命的中流砥柱、成都文明的山川图腾、真正的川西平原宇宙图案、成都永恒的城市标志。

最后，再追问一下 2300 年前的张仪，当你初筑成都时，真的没有看见凤凰山吗？那时又没视觉障碍，空气透明度也高。

四

作为有着 2300 年历史的古城与国家级历史文化名城，成都应重新认识凤凰山的城市文化意义，应以凤凰山作为成都城市中轴线北段端点并进而规划、建造以其为核心的一系列文化景观，使其真正成为成都文明的山川图腾、成都永恒的城市标志。

基于对成都山与轴线的认识，除人民南路中轴线外，北部轴线人民北路至火车北站就到端点了，似扭曲中有些言不由衷。今北京拿中轴线正式冲击世界文化遗产名录，迎接建都860周年，拨巨资专项用于中轴线的古建维修，还恢复重建一些古建筑，着意重现中轴线的神圣，确保能量的顺畅流动，企盼城市永恒兴盛。那么，成都作为2300年古城、历史文化名城，是否也应该名副其实做一些相应的工作呢？于此建议：

第一，以凤凰山为成都城市中轴线北段端点，营建成都南北世界第一长度的中轴线（包括天府新区）。

第二，以凤凰山顶为圆心量化，确立保护半径，法规化凤凰山保护面积，做到发展长远有据。

第三，凤凰山全覆盖绿化，以大乔木为主。真正形成成都北部生态屏障，为生态田园城市添浓墨重彩。

第四，“北改”战略上应以凤凰山为核心，创造和天府新区不同的文化业态、空间形态，以丰富成都的城市个性。

第五，在凤凰山南麓，划出一定面积衔接北段轴线，创建“蜀城”，以弥补历史文化名城古典含量之不足。“蜀城”包揽四川尽量多的特色项目，真正成为四川物质与精神的窗口，从而形成四川文化产业主柱。

古人云：人杰地灵，仁者乐山，智者乐水。仁智为一体，缺一不可。

——发表于《成都史志》，2012年02期——

注释

[1]引自罗开王、谢晖着《成都通史》之《秦汉三国（蜀汉）时期》第88页，[2][3][4]为第89页。

大雅和顺——来自传统聚落的报告

距缅甸边界约50千米的云南省腾冲市和顺乡（图1～2），四周环山，中有一小平原，面积16.18平方千米，海拔约1 490～2 019米，由十字路、水碓、张家坡（图3）等三村汇于小平原南的缓坡上相聚成一村落，共称和顺乡；居民1478户，人口5408人，96%是汉族。在崇山峻岭、森林密布的众多少数民族地区，出现一块纯度很高的汉文化“飞地”，其从聚落规划到乡土建筑传统信念固守，以至于若干年来与本地文化细微的摩擦糅合和言不由衷的嬗变，给我们展示了遥远密林中汉文化聚落丰富多彩的绝妙侧面，是传统聚落罕见的遗存。

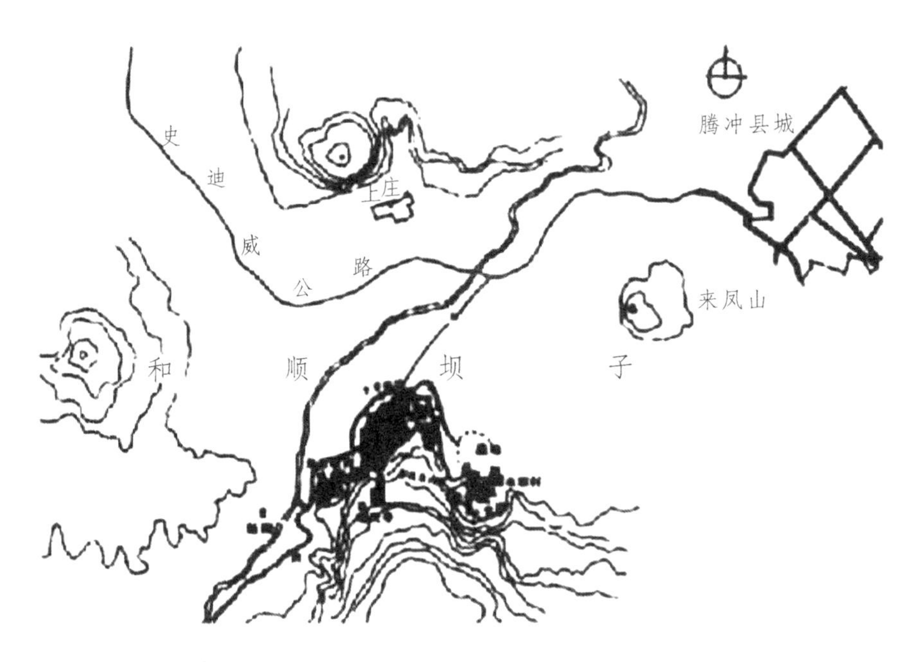

图1 和顺聚落位置图

图 2 和顺聚落位置图

历史、文化、军事情结

和顺先人于明代洪武年间，从四川巴县（现重庆市巴南区）一个名为大石板的地方出发来到滇西戍边屯垦，传言又是江南徙川移民。《四川古代史稿》认为："巴县刘家。"《明史·卷184刘春传》："刘氏世以科第显，春父规弟台，云南参政。"杨廷和《刘规墓志》："其父湖广兴国州人，六世祖珉一，元季徙重庆之巴县。"《四川古代史稿》继言："移民籍贯的自然集中，正好说明地域性结合是明代移民过程的重要特点之一。"所以，明初四川的移民大量来自湖广地区，这个结论应当是符合实际情况的。而和顺人家有的堂屋匾额题"派衍西川"则表明"西川"是一个转承过程。恰和顺人始祖就由刘、寸、李、尹、贾五姓组成，血缘性稳定内部结构，与地域性相结合，这说明，来到云南和顺乡的江南移民或为"元季徙重庆之巴县"者，或为"明代移民"徙川者。因此，"巴县"成为他们终插和顺的中间环节，以至以军职戍边屯守。无论"巴县刘家"是否是和顺刘家的先祖，但在江南——四川——和顺这一时间与地域的变迁过程中，他们必然要传承着沿袭的文化。

移民区域性结合是传承籍贯之地文化的重要条件，若加之血缘性，则更显示传承文化的威力：不啻四川的江南移民如此，来自四川的江南移民也如此，哪怕在天涯海角，文化传承也不可或缺。此正是中华文化根深蒂固、永不磨灭之处。因此，和顺人表现出的物质、精神两大形态中，处处顽强地流露出有别于当地世居民的文化形态，并在中缅边境、茫茫山林之地形成一块汉文化"飞地"，构成和周围截然不同的文化景观，亦可言是汉文化坚挺冥顽的产物，同时又强烈凸显独特的人文地理现象。虽聚落规划与乡土建筑充斥着看似漫不经心的布置，弥漫着一股大俗之气，实则内部规律极强。大俗则大雅，处处可见中原文化的真谛。

一群远离故土的游子由戍边而转为农耕生活，虽处边塞之地，然素重耕读之本。读书不仅是全面继承汉文化的有效手段，也是学而优则仕、晋级上层社会的阶梯；同时可以激励精神，通过自强拼搏开阔眼界。就是经商亦可成大业，终成儒商而视民族、国家利益至上。这种风尚于和顺经六百年深山老林间磨砺，于弹丸之地的穷乡僻壤之居，竟然给人类留下两处云南省省级文物保护单位。一是藏书7万余册、创办于1928年的全国最大的农村图书馆（图4）；二是著名哲学家艾思奇故居（图5）。它们都以建筑形式在那里闪烁着文化光芒，并告之世人，那是和顺丰厚文化积淀的制高点，是家家都有读书人的几百年、数万人铺垫的结果。据《和顺两朝科甲题名录》记载：仅明代至道光年间获取功名者就有400余人。明末到清末列出举人8名，拔贡3名，秀才403名。朱德的云南讲武堂老师李根源诗誉其文化教育可与“中原旗鼓当”。蔡锷、胡适、赵朴初等大名人也为其建筑题名。至现代更是大学生、研究生、留洋生无数。这种现象不能不使人联想到中华文化传播方式。

图3 和顺聚落之张家坡村

图4 村口之和顺图书馆

图5 艾思奇故居

图6 龙潭与元龙阁

何以边陲聚落犹如文风拂拂的书香市井，老农儒雅气质亦如大学教授？更有古玩收藏品鉴、拨弄丝弦之好、琴棋书画之爱？甚至华侨归根亦言必称修缮公共古建筑，筑路架桥，办植物园、动物园等文化事业？

秦汉以来，发达的中原文化向全国边远之地进发，它的成熟与活力，在时间与空间上都具有持久张力，一直到明清时期。它以战争伴随生产力的形式同时进击，为文化在空间、时间上开辟道路，不仅大大加速了文化影响的进程，又保证了文化的纯度及整体性。明初这群周身浸满中原文化的戍边将士以军事形式集体屯垦于边境，明显的有不掣肘于周围环境的组织体系和文化自信力，其血缘性、地域性、军事性又强化着组织体系对文化伸张与表现的完善。何况它带来的文化，诸如礼仪制度、教育科举制度，甚至聚落规划与乡土建筑制度直到家私动具制度等，都先进于周围环境。加之军事形式保障，必然产生不是向外空间扩张就是坚守“城池”两种结果。之所以和顺汉人选择了后者，是因为明清以来，戍边在边疆广大少数民族地区是以点的形式屯守驻防，而不是面的形式广泛布阵。和顺人本身来自同一远方故乡，又同为寸、刘、李、尹、贾五姓，和顺小平原肥沃田土，周边环护山岭，具有优良自然气候等生存条件，并且当时不可能存在“退伍还乡”的选择，并且路程遥远艰险。而和顺农业生产条件完全不逊于老家，他们集体长驻下来，并按照汉文化的治理理想在边疆充分发挥，于是现代内地传统城镇、聚落、乡土建筑先后退废消失，以“现代建筑”取而代之，而云南边疆相对发展“滞后”，反而保护下来一批传统城镇、聚落、乡土建筑的现状，比如丽江和大理部分村庄，当然还有和顺聚落。

图7 有照壁的月台

图8 遍置河畔的洗衣亭

图9 李家巷上端里门

图10 李家巷下端里门

然而，纯粹的农业小生产经济要在和顺16平方千米的地块上完成汉文化从物质到精神的集中展示，单凭农业收入显然是力不从心的。和顺距缅甸仅几十千米路程，从和顺建筑历史大多是清中叶以后的事实来看，明以来至清初，其建筑理应不是如现状般灿烂。但清初，和顺人已开始大量开赴缅甸经商，此一则腾冲历来为中缅古道及南方丝绸之路商贸重镇，和顺距腾冲仅4千米，又恰处在交通要道上，更重要者则是自屯垦边疆以来，和顺人在文化教育上做了人的素质培养的前期准备。无论去缅甸经商、打工或开采珠宝玉石，经营开办实业以至经由缅甸赴海外留学，均离不开卓有眼光的见识和魄力。所以，当他们不少人积累相当资金后，转而投入家乡建设，理应是国人爱国爱乡桑梓之情的自然延伸，注入恋乡文化情愫于建筑，以解久居外国怀乡之苦。从大量精美民居、宗祠、寺观的历史看，聚落建筑高潮在清中至清末这一时期。

有了经济实力，必然反哺于乡梓后代教育，尤重视乡土教育与国门教育相结合，使得和顺人才辈出，又促进了和顺教育整体文化素质的再提高。于是，我们看到一个历史、文化、军事、经济挽成一个圈的、互为完善、缺一不可的特殊情节，以及由此情节展现出来的和顺人生存发展的生态链。建筑可谓是链上的一环，也可谓是和顺文化的载体，通过它我们看到和顺的存在，不再是简单的材料存在，而是数千年汉文化在边疆聚焦成“飞地”，是一个民族物质和精神的存在。

和顺聚落规划风水意象

自中国古代“万物有灵”原始宗教始，经汉代董仲舒归纳推阐，形成系统天人感应思想，渐至影响中国学术发展达数千年。其中城镇、聚落、阴阳二宅等方面的风水术应用广泛浸淫中华大地。云南边疆远离内地，又是少数民族为主的聚居区，历代封建王朝统治相对仍较薄弱。因此，风水文化的系统性浸染连淡薄都说不上。恰如此，反衬出和顺聚落和一般少数民族聚落在选址、布局等规划思想及实践诸方面的巨大差异。这种反差缘于和顺聚落一开始就确定的并卓有预见的选址规划思想，它的核心便是风水术应用，结果是我们看到现在十分明显的聚落与环境风水规划格局。（图2）

和顺聚落包括十字路村、水碓村、张家坡村三个自然村。其中十字路村为主村，占三村落人口与建筑面积大部分，是聚落形成得最早与最核心的部分。三村落居于海拔 1 741 米的黑龙山北麓缓坡上，其后黑龙山层层向后延展，脉象蜿蜒，正是龙脉所在，缓坡之地自为龙脉结穴的“砂地”，它与和顺小平原临界，格局呈“凸”字形。十字路村为主摆在凸出的前端，其余二村在两翼且靠后，规模与布局小而松散，形成时间晚于主村。因此，和顺聚落明晰地分离出主次、大小、疏密，并产生聚散、疾徐，浓淡诸多空间情调。而此般现象皆由主村生发而出，均由风水术的应用所产生。

十字路村由李家巷、大石巷、尹家巷三条呈放射状的主巷构成最早村落道路框架。为何三巷之中，中间一巷取名“大石”而不取五姓之中其他姓氏命名？显见有纪念先民来自重庆巴县大石板的象征意义，故有遥祈桑梓的恋乡之情，更有血缘性必须围绕地域性的结合方才力保人心与聚落永久不散的深层含意。顺着大石巷两旁的李家巷、尹家巷放射状巷道延伸出去，三巷方向跨越环护山麓小河，小河曲环如弓，形同朱雀意象。再向前约 1 000 米，便是形貌奇特的两座新生代第四纪火山。李、尹两巷各有所对景，李家巷对老龟山火山，尹家巷对马鞍山火山。两山左右而置，巍峨雄峙，相连之处呈马鞍形，最低点与大石巷视线正对，远山依稀，层层叠叠铺展，消失之处即为缅甸之境。

于是在和顺小平原环境中形成绝非随意处置的人文景观与自然景观相谐相属的有趣现象；以放射状巷道为导引，三巷道中，中间大石巷正对两火山之间马鞍状最低处，远山由此渐层层低矮，正是传统村庄与民居选址案山、朝山意象所在。淡远迷茫之境，不仅给和顺人高瞻远瞩造成挡而不塞的地理环境，亦在心理上构成向前看、想得远的方向性心理场，这也是导致后来大批和顺人到缅甸求生存、发展的一个潜在因素。另两巷道中，右侧李家巷直对老龟坡火山，左侧尹家巷则对马鞍山火山，两山与和顺主村十字路村形成等腰三角形的三个顶点。概而言之，在和顺主村开始选址中，其不顾面朝西北（风水术之大忌）而只顾山川风水意向，顾此失彼之举，一则道明万事不可周全的风水定律，二则和顺先祖均为军人，想必对风水诸义了解不多。云南之西属热带气候，中原风水要义朝向之说多针对西伯利亚常有寒潮侵袭而选址避其锋芒之为。滇西无此顾虑，和顺坐东南朝西北亦属因地制宜而为，故无大错。

这样的选址结果，实则把聚落下面的大片田园统筹在和顺诸村、老龟坡、马鞍山三大景观之中。又三点相连围护以山梁坡脊，中间成为盆地平原。由此形成的小气候、心理场、田园景观与山川的观照，皆成一方风气而纳为一统，并构成界线清楚的和顺汉人生产生活范围，形成四周少数民族、中为汉人“飞地”的特殊自然、人文地理格局。这种格局稳定发展六百余年，足见各民族之间的亲密，以及不同民族文化的宽容。

图 11 大石巷上端里门与“兴仁弘德”额题

图 12“三坊一照壁”民居天井温馨气氛

图 13 有“天地笆”的清代中期民居内庭

聚落环境的诗化韵致

儒雅的和顺人对背负山岭、面临四季不同色彩的田园有着强烈的自豪感。它缘自得天独厚的自然环境与人文环境的有机结合，顺应自然的理念把自然装点得更靓丽，而绝非一番改天换地的改造，流露出儒风拂拂、貌似江南水乡般的诗画田园韵致，尤地处滇西高原边陲，显得格外醒目亲切。而其中人文景点的配置则更加体现出汉文化儒化之风与风水术相糅相济的古典规划遗风。

绕流聚落前的小河发源于东侧“龙潭”（图6）。龙潭为地下水涌出积水成潭，如翡翠般碧绿，面积数十亩（一亩≈667平方米）。其下为大片长满野草的湿地，龙潭盈余之水经其漫流缓缓收缩成小河，与环护着坡上的环村道并行，同时小河又成田野与聚落间一道天然防线与风景带。“智者乐水”的儒雅之气、“金城环抱”得三面迂曲之水的形胜之地与不可无水的风水“水法”相糅合，于此演绎了一番古往今来聚落选址的重要法则。有水，是陶冶性情、启迪智慧，与山动静结合，不可倚重一方传统自然观的反映，是崇尚自然的景观诗化。

和顺小河流至黑龙山麓曲成弯环，聚落于此随弯就曲，以环村道与其平行，这就铸成聚落西北界面稳定空间形态。于是，若干环村人家，家家门窗齐向小河，放眼田园，以求得水的灵气，从而达到物与人的感应。后面缓坡，更多人家通过三大主巷再旁逸斜出若干小巷，皆直下小河，除获得生产生活之便外，亦追求通过巷道空间以保持与河流田园的气息通畅，奇特而罕见，又颇具建树。有些人家几乎在每一巷道临河出口遍置月台（图7），以驻足、停留并置栏设凳，植树栽花与河流田园长相交流。显然，自孔子阐扬“仁者乐山，智者乐水”以来，儒学之道把山水与人的德行、气质一起论述、欣赏。感受自然之美自成历史风气，士大夫更以不会评鉴山水为耻。王安石在《答平甫舟中望九华》诗中说“穴石作户墉，垂泉当门帘”，把居住理想诉诸山水之间。和顺聚落与河流、田园、山岭的关系不同为此理吗？所以，和顺先人素重儒学教育的过程是拿自然环境与人文环境互为观照、互为启迪、互为通融的过程，最后达到互为改造的目的。

改造，与当代推倒、铲平、重建的操作方式不同。和顺人对环境的改造，立意在营造诗情画意的氛围，除可能在特定地点注入风水意义外，表现在规划、建筑上则以不破坏自然美为原则。相反，所增景点、所造建筑以点缀、丰富为宗旨，把自然装点得更美，而与人文景观又相得益彰。再如进入和顺小平原通向聚落还有一千米的路口，先设一迎送亭（路亭），临村口小河建几座石桥、牌坊，河边建十多座洗衣亭（图8），还有作坊、水车、竹筏之类。这些优美的小品建筑，体态不大，造型别致，分布广，间距适度，全融入田园水色绿影之中，相互顾盼间，顿生诗情画意之境。而分布在聚落里外的七姓祠堂、若干寺庙宫观，小部于聚落中，大部融入林木苍翠山峦弯回隐蔽处，虽选址理由各有独特说法，然共同遵循的原则是保护自然环境，不干扰聚落居民区内的日常生活。这样的规划理念，朴素地在空间组团与分布上构成密集、松散、点缀三大形貌特征，无形中形成物质、精神在建筑功能上的分区，不过它们皆围绕主村空间展开，适成整体人文风貌主次、疏密的规划空间层次，得到的仍是十分协调的任何外围建筑都不能游离于主体村落之外的整体文化形态。

这种布局的指导思想明显出于保护自然、珍惜耕地、保护资源的可持续发展长远谋筹的目的。对于依附自然生存的农民，土地和维持土地长效使用的生态环境是他们的命脉，若破坏其自然状态，他们将群体地掂量其位置、大小、土质的优劣等方面对今后共同生存的威胁。既要增加建筑又要维系好生态环境，诗情画意的环境观是两者之间的最佳媒介。

古风淳厚的聚落形态

镇即市镇，必有街有市，街两列民居基本前店后宅，或为基层行政单位，以工商活动为主的则少于城市的居民区。乡者即村庄或村落，多数为农业生产者聚居的地方，陆游《西村》诗道“数家临水自成村”犹有此意。

和顺诸村多为单体民居三坊一照壁合院式的组团。几无一宅形成真正意义前店后宅并列于“街道”两旁的市街格局，更无因此而形成集市或定期的集日。虽说它是村落，但其严格里坊之制，里巷规整之貌，里门煌然之态，月台如瓮城的意趣，宫、观、寺、庙与祠堂、牌坊的豪华布阵，公园般龙潭的亭阁楼台均有考量。更有甚者，20 世纪 20 年代还在村头显要之地建立起了中国第一家有相当规模的农村图书馆，又使人感到有几分城镇的意味。在这个既非“纯粹”的村庄，又非市镇的空间形态与格局里，居然留存如此多的乡土建筑类型和其他建筑类型，并把它们在与自然的关系上协调得如此好，唯感受最深者，是这个聚落纯度极高、古风弥漫、文化淳厚。

聚落固然形态各异，或无序或有序，无序者相聚随意，有序者格局昭然，内涵深远。和顺聚落以李家巷、大石巷、尹家巷三巷为里巷，主干制约主村。三巷两端皆有里门、门额或题词，或两侧作楹联，皆在内地村落罕见。如李家巷上端门额题“兴仁讲让”（图 9），下端书“景物和煦”（图 10）。一上一下巷端两头里门提示，无疑是里坊制于空间、控制范围的规范，同时又是“仁、让”“和、煦”等儒化教育寓情于景（图 11）。物质、精神并行不悖，深深地烙在里巷每一户居民心中。或者说它是一种空间化的村约，建筑是巨大的文字，里巷便是传统道德文章的段落。而当它和大石巷、尹家巷相互构成里坊间居民区的里坊格局框架时，也是这篇道德文章成就之日。所以在这里产生的是一种空间关系的有序，大格局与自然环境和谐有序、里坊框架制约下的居民小区的组团有序、里巷居民在里巷道路协调下的“兴仁讲让”“兴仁弘德”有序。家家门檐、门梯不与道路争分寸，处处感到你谦我让，保持道路平行宽度有序，更无乱搭建泛起的恶劣市民习气的蛛丝马迹，真可谓古风淳厚，一派祥和。

图 14 和顺民居内庭之一

图 15 和顺民居内庭之二

图 16 和顺民居大门装饰

尤其是大大小小巷道从下端延伸出月台，再由月台左右再延伸小路至河边，河边上建起多座优美的洗衣亭，更加感到聚落有序的凝聚，完全受着一股传统人文力量的支持和影响。

比如月台（图 7），其貌如去掉城墙的瓮城（月城），瓮城是宋初以来于城池各门之外再添建的小城。清代林枚《阳宅会心集》道："城门者，关系一方居民，不可不辨，总要以迎山接水为主……故其，如有月城（瓮城）者，则以外门（瓮城门）收之，无月城者，则以城外，建一亭或做一阁。以收之。"和顺月台呈半月形，它位于每个巷道下端出口、里门外正中位置，是"收、接、纳"，同时又"放、散、开"的巷道关系的平衡构图。因是聚落而不是城镇，故照搬瓮城难以自圆其说，于是留下貌似瓮城基础平面两不相亏，做到既有城池的意味，又不失聚落的有序规范，两相顾及。月台之貌以直线和弧线圆满地完善了这种空间与心理的开合关系，其情理之妙可谓应用得独到圆熟。每一巷人家皆有此聚散之地，且巷长、巷大、人多则月台大，直到有的祠堂人家也单独拥有月台。至此犹感聚落有序进入了相当深度层面。更有甚者，环护聚落之路与小河平行段落把所有的月台都串联起来，聚落有序构思才瓜熟蒂落。仰望聚落整体，原来如此周密得体，又游刃有余、条理清楚、情思空蒙，此时此刻似乎它已不是什么物质体，而是一个盛满传统文化的容器。

古代里制本不分城乡，居民聚居之地可曰里。东汉班固《汉书·食货志上》道："在野曰庐，在邑曰里。"在乡村者曰"乡里"，在城镇者曰"城里""里弄"。"乡里"有门，聚族而居谓之里门。然而历史往前发展使得城乡空间格局功能归属发生越来越大的变化，城镇成为一方政治、经济、文化的中心，并集中与其对位相关建筑，其重要性使得多加墙体以围护，内部在明代还形成里甲，以便分片管理。而农村聚居村落，基本为农业生产服务，空间功能变得单纯，无须夹杂其他作用空间和更多的建筑类型，以民居为村庄主体。因此，像和顺这样的农民聚居区，除民居外，尚存大量礼制建筑、崇祀建筑、文教建筑及其他乡土建筑类型者，堪称当代聚落之罕见。它们得以存在也是有序理念经历史考验的结果，是形态风貌纯度的保证。

典雅俊逸的优美民居

历代进入云南的中原移民，至明初形成规模最大、人数最多的浪潮。云南建筑学者蒋高宸在《云南民族住屋文化》中言："明初来云南屯田的移民，往往集中分布在自然条件优厚的腹心地带，或边境的坝区，形成星罗棋布的一座座移民村落……如一个个文化的'核'……以及三江以外地区中的一些'岛屿'"。"三江"指金沙江、澜沧江、怒江。腾冲和顺正是三江之外边境坝区，亦称汉文化"飞地"，理与上述同构。既为"核""岛屿""飞地"，文化上多弘扬原乡儒学经典，倡导文风，尊崇儒教，因此建筑之事亦必定以汉式模式作为标准，方体现出汉文化的先进、优越，同又达到移民群体的认同的目的。但又不是一成不变，而是与彼时彼地全同，时过境迁与自然条件的殊异必然要产生新的汉文化时空形态，故民居一科自不例外。问题是三江之外的坝区汉人全在少数民族原始空间包围之中，因此，我们又看到在“以不变应万变”中，这些中原移民在云南三江内外创造的独具云南特色的“汉式”合院建筑，故三江内外汉式合院并无太大区别。

云南汉式合院理应是中原合院建筑的延伸和微小嬗变，它没有离开儒学对空间的约束，传统礼制之法仍旧控制着布局。但清代以后，其木结构技术有了自己的特点，出现了地方化个性和技术流派。这和位于闽、粤、赣三省交界自晋代开始陆续从中原迁徙去的客家移民，明末清初“湖广填四川”的江南、华南移民同理，其在合院建筑的表现上，完全异曲同工。虽形式大有区别，剥开表层直取核心空间，区别几无存在。所以“云南一颗印”和四川成都、隆昌客家“二堂屋”之间可以乱真，实乃中原文化的影响。

和顺聚落里的一千多户民居，基本上由“三坊一照壁”（图 12）和“四和五天井”式组成。空间透射出年代不同，犹如挂在历史大墙上几种三坊一照壁模式在时间流变中而凝固在那里的展品。前面讲了这些“展品”基本上缘起于清中前期（图 13），更多的是清末与民国初期间（图 14 ～ 15），它的精致、典雅、俊逸无不与缅甸经商宅主家人有关。因此，一定意义上讲，在外者恋乡恋传统文化者，其情之浓超过未出外者，他们把这些情感倾注在住宅及文化的寄托上，加之有财力支持，可想而知，在深化三坊一照壁的运筹中，在有限的空间与可变范围内，该是调动了多大的想象力！于是和顺民居出现了技术更加精致、文化气氛更加浓郁而典雅、俊逸闲适的美学特征。拿此和云南其他汉式合院比较，这里是纯度高且规模化的聚落里的统一行动，亦正是祖先聚落里坊制有序延续下来，表现在局部、单体建筑更加深化建筑文化的另一种有序。

在财力支持下的建筑深化，若先天不足，儒学功底浅薄，极易以钱财诉诸建筑，使建筑成为张扬炫富的媒介，使建筑流于庸俗。珠江三角洲一带富商的建筑多此弊端。和顺民居集财力与儒学于一体，倾诉的是桑梓情、故土恋，因此，它的精致反映在结构、用材及加工、工艺的深度、雕刻选题、彩绘内容上，甚至庭院绿化上。老人们言及，必称剑川木匠如何如何，这绝非借外人装点门面、吓唬别人。所以，民居从外到内、从整体到局部，从空间到装饰、从材料到色彩、从铺地到石作、从门窗到桌凳（图 16 ～ 18）直到家具与孩子玩具，皆成烘托典雅气氛的要素。从清初到民国几百年的时间，反映在建筑上的变化，亦不过是加高柱子、舍去腰檐增大内庭采光面、去掉堂屋前檐柱间的“天地笆”罢了（图 13），而其他民居构成因素实察觉不出发生了多大变化。

图 17 和顺民居外观之一

图 18 和顺民居外观之二

典雅是中国文人对居住空间气氛的追求，它必然延伸营造出俊逸、恬静、闲适的美学境界，并给读书、书画、琴弦创造优美环境，终其归宿又回到耕读之本的神圣理想中。特别值得指出的是，在耕与读的权衡上、在民居空间与之呼应的把握上、在时间的分配上等方面，这里明显有别于内地转轨期间的忙乱。他们把居住环境纯化得极佳，其纵横两向多天井大院、四合五天井中院、三坊一照壁小院均把敞亮和通畅、绿化、干净以及梁柱不歪、四壁光洁、杂物条理有序等关系视为居住空间的有机条件。目的是给“耕”创造让人身心愉悦的优美场所，而不仅仅是吃睡拉撒的地方，所以我们说那里老农有教授般的气质。弥漫着古风，必然有高素质的群体文化基础作为整体铺垫，而民居之于此仅是一个侧面而已。

结语

和顺聚落除主村之外，尚有水碓村、张家坡村，它们左右而置，和自然环境的亲密度比十字路主村更具超前性。看似民居组团松散，又无里坊之制的约束，实则是建筑年代清末民初，甚至20世纪20—30年代特定时间关系对于空间关系的制约。亦是封建时代行将结束，新思潮风起云涌，追求个性化，屏弃风水观，弘扬儒学，强化人与环境生存质量在村落形式上的反映，所以最后还是以组团方式出现在主村两侧，又表现出尊重祖先的亲情观。

和顺除有了设在主村内的全国最大的农村图书馆、少数祠堂、寺庙之外，大部祠堂、寺庙道观等建筑都安排在主村外，另有水碓村龙潭公园、艾思奇故居、部分民居、寺庙、祠堂构成围绕龙潭展开的自然与人文布局极佳的景区。区内水体、山林、道路和建筑相偕至密，生态完美，在全国村乡一级聚落极为罕见，是该村人文重于自然在生态体系上的补充和完善。它和张家坡村遥相呼应，共同构成和顺聚落形态，丰富了聚落风貌的表现，是非常难得的古典聚落规划佳例。

和顺聚落先以建筑组团形成的空间形态夺人眼目，进而以里坊的幽古，各种类型建筑的典雅、俊逸，深化从群体到个体的体验。但当回到全面、整体再整理思绪的时候，发现聚落规划优势渐次占据了上峰，而建筑退居其次。明显的，规划的可识别性、可把握性凸出了聚落的最高层面，使我们看清楚了古人建设思想的超前性、整体的有序性。正因为如此，它又给建筑施展表现提供了科学而尽显情感的广阔天地，而不像当代有些规划，建筑一出现，规划便被冲得无影无踪，更不用说可识别、可把握呢。

规划和建筑是相对独立又紧密联系的学科，它们相互制约又相互支持，在偏重建筑而忽视规划的当今，应特别注意二者之间的制衡，尤其应大力总结宣传古典城镇优秀规划实例，矫正视规划为废纸的愚昧偏差，把我们的城乡建设得更美丽。

最后，引用尹家巷里门楹联作结束语——“斯间特秀胜国两孝廉，此屋同惇周官六德行”，横批“古处同敦”。

——发表于《华中建筑》，2000 年 02、03 期——

巴蜀场镇聚落脉象

- 概 说
- 场镇严密合理的布局
- 场镇分布与生存基础
  - 农业型
  - 交通型
  - 盐业型
  - 宗族型
  - 特殊型
- 场镇选址要素
- 场镇样式与个性
  - 河街式
  - 码头式
  - 云梯式
  - 网络式
  - 廊坊式
  - 凉亭式
  - 拟物式
  - 骑楼式
  - 桥街式
  - 半边街式
  - 穿心店式
  - 包山式

山寨式

旱码头式

幺店子式

- 场镇形状与神态
- 码口、码头
- 立面（场背后与临街面）
- 屋面
- 节点
- 建筑（公共建筑与民居）

  场镇外围空间——幺店子
- 小 结

概 说

自泰统一巴蜀至清末的约2300年间，巴蜀地区产生了和全国不太相同的建筑现象，就是只有散居和场镇聚落。这个范围主要以四川盆地为中心、辐射周边汉族居住地区。它是一个庞大、奇诡、神秘、纷繁、至今尚未真正揭开面纱的人类特色聚居领域，是一座中国乃至世界罕见的乡土建筑古典富矿。巴蜀社会史的丰富断面，更是现代小城镇千镇一面很值得镜鉴的乡土教材。它的精彩在于清末已累计了5 000多个场镇聚落，从数量与质量辩证关系理解，经两千多年的历练岁月，必然产生相当了不起的质量。之所以发生这种现象，有一个根源即原点问题。

灭六国后，秦大力改变过去制度，为鼓励竞争，发展生产力，便于统治，遂打破聚族而居的宗法传统，规定成年之子必与父母兄弟分家。随后秦灭蜀，秦又把这种“浸淫后世，习以为俗”的民俗带来巴蜀。于是散居田野的单户现象开始出现，并一直延至中华人民共和国成立前。这样的俗风为什么强劲持久，并由此引起巴蜀大地诸多单体与聚落，产生独特的空间嬗变和走向呢？这就是巴蜀乡土建筑上出现的两类系统，亦即脉象者。

一是单体系统。这是经济、民俗诸多关系发生变化后的散居动向，主要体现在把住宅变大和豪华上，同时断绝了“聚族而居”向聚落发展的道路。它的脉象是：独幢——曲尺型——三合院——四合院——纵横两向多进合院—庄园平面及空间的系列变化。庄园成为单体理想住所的最高境界。这是农业社会小农生产“万事不求人”的必然结果。当然，它不能解决社会发展所面临的若干问题，诸如交易、交流、聚众、寻觅、信仰、结社等，尤其巴蜀还是历来移民之地，就更有一个区域移民认同的场合问题。诚然，更重要的是县城以下的场镇层级建制的选择等，都需要一个新的聚落形态以承载上述诸事。单体是一个相对独立的项目，不在本文探讨之列，是导致场镇发生的根本原因。

二是有市街的聚落系统，即场镇。这类聚落的基本形态和特征就是必须有街道。此系统的复杂性表现在很多方面，如有的以农业为主，有的以交通为主，有的兼有而之，有的又因产盐而生成，还有的和名山圣寺有关。而在选址上，绝大多数又与水相关，都可泛说风水原因，多多少少有一些相关的山水特征对应。最有感染力和亲和力的是从场镇发端到空间，从周围环境到内部道路、建筑，从民居到公共建筑等都有与之融会的故事，特别而卓有文化品位的是不少场镇形态的拟物化、形象化，把巴蜀场镇从内到外推到一个非常高的营造境界和美学境界，亦即里外各有偏重的个性化，从而揭示了千镇千貌的生成原因和规律。凡此种种，都是散居田野的单体建筑不能做到的，也是自然聚落在移民社会中难以生成的，因此，场镇聚落成为必然选择。

场镇严密合理的布局

四川盆地是一个地形、地貌完整的地理形态。它的地理封闭性容易形成相对独立的物质与非物质文化体系，加之经济发达，更易把两者推至一个独特地域文化的高峰。比如，道教的产生，三星堆、金沙青铜文化的非凡，汉代易学、天文学的高度，乃至川菜、川剧甚至近现代名人辈出，等等，都与盆地形态有关。拿此观点看盆地内汉族聚居区的城镇分布、格局，决然又是一派卓有个性的、和全国不同的、物质与非物质文化体系。

自古以来，四川盆地内存在巴与蜀两大族，他们又分别形成重庆和成都两大中心城市。

围绕两大中心，又分布着若干市、县。市、县之下则是星罗棋布的场镇。于是，在巴蜀大地内就构成了大、中、小不同职能的空间结构和不同的中心地点，亦有严密的规律布局，职能就是为周边地区服务，这种围绕最大城市规律性展开的结构性城镇网络，在盆地内又呈现双城中心格局，这是国内独特现象。但在城镇布局的分而有合的协和上显得非常流畅，彰显了同属于一盆地的亲和性。它表现在场镇街道的走向和双城的向心聚合上，即成渝古道上的场镇街道几乎全部是东西向：东连重庆，西接成都。虽然它是徒步时代的产物，但构成了四川盆地交通干线和人文主轴：有了它便充满活力，实则串联起了全川的中、小城镇，这其中最活跃的元素便是场镇。因为它数量最大、动态性最强，于是围绕两大城市形成了以下几大组群：

以成都为中心辐射周边若干县、市的场镇组群，主干街道与成都形成向心辐射网状。

以重庆为中心辐射周边若干县、市的场镇组群，主干街道与重庆形成向心辐射网状。

以长江干流为纽带辐射通航支流沿岸的带状场镇组群，主干街道与河流平行为主，分别以成渝为中心形成网络。

以上几大组群实质上构成了巴蜀地区乡土建筑发生、发展的核心地区，场镇不过为其支撑面而已；是大、中、小城镇架构网络中密度最大部分，也是场镇形态发育最充分部分。与其相邻的省区则出现了空间过渡性很强的形态特征。

巴蜀居住文化对周边影响示意图
岷江上游地区，由于藏、羌、回、汉多民族杂居，出现各族形态殊异的自然聚落，同时在“官道”旁又少量出现发育初浅的街道聚落。但少单户散居。
陕南秦巴山区包括西自略阳、东至旬阳、蜀河，南至米苍山、大巴山北坡，北至汉水狭长地带上。以自然聚落和场镇分布为特色，并形成南北居住文化一条过渡带。明显受到巴蜀文化影响，构成南北文化交融风景线。
陕南秦巴山区
汉中
松潘
岷江上游地区
图例
川渝分治前四川版图
影响大致范围
四川藏族聚居区以自然聚落为主，基本上没有场镇发生
四川盆地及周边汉族聚居区以单户散居和场镇为主，没有自然聚落
成都
土家族地区包括巫巴、武陵山区，涉湘鄂川黔相邻部分，以单户散居和自然聚落为主，但有场镇与其共生，其中现渝东南五县场镇多一些，鄂西少一些。于此形成巴蜀居住文化东部一个影响板块。
恩施
重庆
土家族地区
秀山
西昌地区
西昌
滇东北地区
昭通
遵义
黔北地区
西昌地区场镇分布以安宁河谷流域为主，山区以自然聚落为主，但相互混居，其他多单户散居。其中安宁河谷有的场镇发生远至汉秦，呈现完美格局。
滇东北部分地区清代以前同属巴蜀文化地区，呈现的是单户散居，自然聚落、场镇共生居住现象。
黔北地区清代以前大部同属巴蜀文化地区，由于是边区，南部出现自然聚落与场镇混居。但总体场镇较多于聚落，其他则是单户散居。不少场镇发育相当成熟，与四川盆地内类似形态无差别。另外，单体少合院，保持了明代民居相当程度的特征和纯度。

巴蜀场镇聚落脉象

如成都中心外缘，岷江上游藏族、羌族、回族地区过渡带，陕南交界地区，岷江西彝族藏族区过渡带，西南金沙江与云贵高原过渡带，场镇开始减少并与聚落混存。二者存在相互模仿的趋势，形态互有渗透。

再如重庆中心外缘与鄂西、鄂西北、湘西、黔北交界地区，也呈现场镇与聚落混存、相互形态模糊、场镇逐渐稀少、形态松散等征候。以上特点表明巴蜀散居文化影响力、约束力逐渐消减，外部聚落强势介入势态。

特别值得强调的是，盆地周边过渡带出现了几座著名的中等城市，其人文特征中混存着浓郁的巴蜀色彩，它们是陕西汉中、湖北恩施、贵州遵义、云南昭通。此理能否解释为相邻地区具备了产生这些城市的基础面、支撑面，包括场镇在内的诸多人文构成，以及历史上和巴蜀的亲密关系？

比如张壁田、刘振亚《陕西民居》（1993）中认为“陕南的汉中地区，特别与四川接壤的地域，四川移民较多，当地的民居又融合着四川民居的某些特色”，“迄今还保留一定数量的散居户”“社会，历史渊源等条件，规模逐渐扩展，形成中心村落或集镇”。又如北京大学聚落研究小组《思施民居》（2011）一书写道鄂西地区“咸丰县庆阳老街则不然，庆阳老街是过去施南土司境内的一处商业性的集市，这里是施南土司前往利川等地（实则是去四川——笔者）的必经要道。长久以来形成了商贸交易的集散地。与聚落的居住性质不同，便捷的交通才是这里最重要的选址考虑”。

黔北地区以遵义为中心，罗德启认为：“遵义地区因毗邻四川，民族建筑受汉族民居影响较多”（罗德启《贵州民居》，2008，P230）。遵义地区大部清代以前归四川版图，巴蜀文化影响较深，遵义迄今还有川剧团为证。但聚落文化、民居文化仍属川黔文化过渡带。

在昭通及金沙江之下游南岸地区，蒋高宸《云南民族住屋文化》中言：“边缘地区的文化特征云南最为典型，云南的汉式建筑，最早以受四川的影响最大。”（《云南民族住屋文化》，1997）

至于盆地西部与藏族、羌族、彝族交融地区，聚落与场镇的混存主要在河谷的官道上。尤其是单体住宅吸收了汉族民居的一些空间元素，出现了兼具各族的形态语言，显得十分生动、到位。

综上，反观长江上游以四川盆地为中心的巴蜀文化，这是中华文化的多元构成的客观存在，而不是周边文化对其构成影响。进一步说，西南地区，包括滇、黔文化在内区域，巴蜀文化是其中最大的一块。其中成都、重庆两城市成为区域最大的两个中心城市，因此，古滇文化、古黔文化同也成为亚中心。顺理成章者，巴蜀文化必然对它们产生主导性的影响，而不是被影响。

表现在乡土建筑一侧自然顺之大理，而场镇这个物质民俗之首的市街聚落，则扎堆地、大数量地，集中反映了古蜀文化和中原文化结合后的发展，尤显特别生动和丰富。

当然，上述仅是概况，若往下再分，又可发现若干以中等城市为中心的场镇组群，其中最大者是自贡、内江、宜宾、泸州等相互关联地区。那里作为四川盐、米、糖、天然气盛产之地，又有长江、沱江、岷江及支流作为水运主干道，于是产生了盆地内场镇密度最大地区之一。其场镇距离多在 5 千米～ 9 千米之内，其支撑之散户庄园自然也是密度、最大最优秀的地区，如清末泸县喻市庄园达到 48 幢。

场镇分布与生存基础

场镇是农业时代的产物，它支撑着上位的县城、州府、省城的发展，若加上基层的散户，则构成了一个完整的空间人文网络。当然，所有的场镇都或多或少与农业有关。不过细分起来，有的场镇似乎非农业因素多一些，比如水运发达的川江沿岸场镇、产盐集中的一些片区等，都是场镇密集分布的地区，有如下分类：

农业型：主要产粮地区。水陆交通都很发达，以成都平原、岷江中下游片区、川江及支流地区为代表，涉盆地丘陵地区的小平原。这里除农业发达外，在输入与输出上依靠水运与旱路，密集地分布着场镇，同时形成人口大县，支撑着县城，有的县甚至形成规模较大场镇，谓之一县“首场”，实则成为一县副中心。如开江的普安、梁平县的屏锦、崇州的怀远、巴中的恩阳等。有的进而构成分县、分州，正所谓“坝大场多场大，坝小场少场小”，农业是这些场镇生存的命脉，此类场镇发展最稳定。

交通型——也可叫码头型。农业时代主要依赖的是水上交通，也有陆上交通，谓之水旱两路。川江水运河系密如蛛网，凡季节性船筏可到之地，皆有场镇产生。不能通航之外，有官道，主要是陆上交通干道。如长江南岸与贵州、湖北、云南交界的支流系统两岸，布满了精彩的场镇。不少支流上游沿河岸徒步，中、下游乘船，也是场镇分布的地方。如赤水河、塘河、綦河、乌江等。若在长江北岸沱江、岷江、嘉陵江水系两岸，更是巴蜀场镇最发达区域。当然，大部交通型场镇多多少少都与农业有关。但也有关系不大者，如塘河上游大、小槽河两岸场镇，多险山峡谷之间，说不上农业支撑，其生成全凭借川黔古道的繁荣。再有就是川陕、成渝等横跨水系的陆上干道场镇。不少发生于古道的山顶、垭口点位，原因是位于徒步必须休息的地方。此在不多通船的川北最突出，那里往往有商机。如朱德故乡马鞍场就在垭口上。综上，水陆两道形如纵横两向，于是形成网络。

盐业型——因盐矿开发而产生的场镇巴蜀盐矿开发远可溯至先秦，至清代，产生了大量因盐而生成的场镇。高峰表现在自贡市的生成，形成了自贡以五通桥为代表的场镇群。规模小一点的分布很广，有大英、资中、云阳、巫溪等数十县。“盐业”包括产、销两大部分。以“产”生成场镇为本文主旨。这些场镇形态以“不尚规矩”为特色。“销”及水陆运输部分涉及更宽，长江三峡南岸谓之楚岸，不少场镇与湖北、湖南相邻，其中部分正是在清乾隆、咸丰两次川盐济楚中生成或壮大的。贵州边界谓之“仁岸”，也发生发展了不少因盐而来的场镇。当然，这又与交通有关了。

家族型——此类虽不算多，但生成原因特殊，又直接反映单体极致之庄园再发展走向，尤其是不向血缘聚落发展的场镇，值得关注，如隆昌云项场、自贡三多寨场、合川涞滩场。它们分别表达一族、多族的空间意愿。此类选址多在寨子（庄园）旁。与此类似，有将尚在发育之中的公共空间如道路引入宅中，宅小者形成“穿心店”；宅大者在宅内道路两侧联排开店形似街道；更大者是若干家在道路两旁并列成街，形成“幺店聚落”。它最大的特征是没有像赶集那样的周期性日期，比如3、6、9日，2、5、8日，1、4、7日的场期。这也是判断是否为场镇的一个标志，如成都龙泉山上茶店子、自贡汇柴日、重庆歌乐山高店子、南岸黄桷娅等形态。似乎像场镇，却没有场期，谓之“店子”，是一种场镇发育的初期阶段，也是胚胎式的场镇初期。一旦发育成熟，就会形成场镇，分布多在城市边缘。此类不向聚落发展而往市街形态的聚落走向，正是巴蜀场镇部分原始形态初期雏形。因为聚落是血缘关系构成，但它由此转换成多因素结构，包括地缘、志缘组合，从而构成了巴蜀场镇的多元性。

特殊型——指那些逐渐融入农业、交通等类型里的特殊场镇，比如所谓名山圣寺旁的场镇，一些过时的军屯、驿站、山寨。清代与民国年间沱江流域蔗糖盛产，使熬糖业蓬勃发展，也兴起和发展了一些场镇。相比较而言，这些场镇数量也是不少的。还有一些规模大的场镇，即中心场镇或一县“首场”，也没有赶场日期，天天都热闹，号称“百日场”，是场镇发育的极限。它已经和大多数县治所在地的镇一样繁荣了。这些场镇不少成为一县副中心或一方中心。

场镇选址要素

场镇选址是一个非常复杂的系统，涉及方方面面，但有个总原则，就是无论如何生存是第一位的。如下几种因素对生存构成威胁：水、粮食、来犯之敌。当然，毒蛇猛兽、火灾地震，还有虚拟的神鬼妖魔等虚虚实实的东西都多多少少影响着场镇的选址。风水术介入选址和后续修补也是一大特色，点位间的相互距离制衡也是重要的因素。

首先是水。水是生活与生产的命脉，巴蜀场镇绝大部分靠水，饮用水源是重中之重。选址两水相交三角地块，其中人多饮用支流之水；或直接下河汲水；或竹筒水车笕槽渡水；或开渠引水；同时还可供生产、灌溉、消防之用。另要考虑交通行船之便。有多种选址模式：或两河均可行船，或其中一河行船，或不行船之浅河险水，前者必作码头，后者也不乏水埠。因此，得水运交通之便，维持场镇长期生存运转与发展：万般水唯先。但场镇毕竟是小聚落形态，靠水者虽为大多数，但不行船的小溪小河也不少。

注意前朱雀（水）后玄武（山），场镇选址如住宅选址的放大，水仍是第一位。中国传统景观，山水是灵魂。无水之境，谈何场镇立足？所以无水场镇也附会“旱码头”之说。临水选址还有设防、调节气候、陶冶性情等作用，甚至直接影响到川人性格。历史上，巴蜀文人、画家多出生在水边的田舍和场镇，如郭沫若家宅就坐落在乐山沙湾场的大渡河边。

其次是产粮之地。场镇首先是为农业服务的。镇上人口必需有粮食才能生存，因此，此类场镇必选产粮地区适中之地落脚。尤其要考虑附近散户赶场方便，不误农时。所以，凡产粮地区，皆布满场镇。四川盆地以小平原、小坝子、浅丘构成主要地形地貌，除大、中、小城市多数选址产粮平原平坝，周围密布场镇之外，众多的山间小平坝也是场镇必选之地。最小者一坝子一场镇，稍大者两至三个场镇，如雅安青衣江支流陇里河流域平坝，分布着上里、中里、下里三个场镇，选址上、中、下游相距8千米的位置上，是为农业服务的非常合理的半径中心点。川北、川东北不少庄稼分布在山顶上，于是山顶成为场镇选址的必选之地。一般来讲，10千米之内为最佳服务半径。盆地周边山区场镇间距离稍长一点，但多数必有相当大的农业耕地支撑场镇的生存面，上述场镇除平原无山可靠之外，大多依靠山水，不占耕地，又深含犯敌来时有后山退路的设防隐情。

再次是设防。单纯因设防而成场镇者，似乎不太多，比如三台西平场、合川涞滩场、巫山大昌场均属设防而有城墙者。设防一般须有石、砖、夯土、木栅围合，多县城级别实施。场镇设防，各有招数。首先当然是选址，核心是“36计走为上计”，把退路选好，然后才是守，再其次是进攻。有此条件者必选依山靠水的环境，若北面有山则兼顾退路，南面有水，除据水设防外，还可伺机进击。所以，凡古典场镇均有严谨的设防考虑。若无此地理条件者，像平原之地，则选地势稍高的地方，哪怕仅高一寸一尺，也利于防范洪水。更多的川中场镇是联系大、中、小城市同时又兼顾区域小中心的市街聚落，注重自身安全的同时又非常强调保护过路客商，以维持场镇的长效生存。选址也很注意四周视野开阔，进出方便，利于内部设墙置栅，分段狙击，攀高观察等，总原则是寻求一定范围内的制高点。以上可能是清代广泛特征，原因与清中期川北、川东北、川东白莲教农民起义，清末川南李兰起义，石达开途径川南有关。所以，设防严密的场镇、山寨、庄园以川东、川南最多，川西较少，说明设防的本质意义在防战争，其次才是防匪盗。

最后是风水选址。此类理应是和水、粮食、设防、交通等须臾不能分离的选址因素结合在一起的。单纯以风水角度选址的例子似乎不存在。农业社会人的建筑活动多属于个人行为，场镇之成靠的是道德的潜在约束，不会像现代规划成一张图纸，按图索骥、对号入座，然后修成正果，很快变成聚落。巴蜀场镇历经两千年流变，又有“易学在蜀”的历史和文化基础。这个漫长的过程经历代不断调整、修葺、补充、完善，渐自往风水诸要素靠拢。诸如上述设防周全之镇，多在这个历史时期可见一斑。这个时期的繁荣、安定全可保证风水理想的实现。

最后归纳起来，综合选址因素才是场镇得以发展的根本，要素还是上述的水、粮食、交通、犯敌、风水几大方面。前两项并称为农业，是选址的第一要素，第二是交通，第三是设防，第四才是风水。然而又需要具体场镇具体分析，或内中某一方面偏重一些，某一方面弱一些。农业社会构成的人文形态中，都会深深烙上时代的痕迹，不可能游离之外。

场镇样式与个性

川中场镇绝大部分是清以来的形态，入驻其间者多为各省移民。其空间、时间、物质与非物质表现必然带有原乡个性色彩，所谓“五方杂处，罔不同风”，至少清中前期是如此，然后才渗透、融会。之所以巴蜀场镇丰富、多变，形态个性化突出，是离不开300年相互发酵嬗变的，是必须有时间保证的。这在全国乃至世界也是独一无二的。至于有没有清以前的空间传承，文献上是否定的，确实无法找到依据。现状是四川人在明末农民义军张献忠时所毁绝的城镇乡场废墟上的独特创造，最值得研究与弘扬者也于此。

清初，在长达100多年的迁徙运动中，来自陕、鄂、湘、闽、粤、赣、黔等省的移民相聚四川，这些省份多以自然聚落为主的居住形态，同时又是讲究传统文化的地区，也有集镇、墟里。到四川后，受到民俗、地理、经济等诸多方面影响，“入乡随俗”成为众向一致的生活信条和生存准则。比如大家都是来自不同的地方，相互都没有排斥对方的基础，唯一出路就是谐处团结。这种观念若要在场镇形态上表达，就把场镇或道路、或广场、或外形界面做成船形，以示同舟共济，避免翻船之灾，实例有犍为罗城、铁炉十多例。选择船形之貌可谓独到别致、世界一绝，同时又强调了众志成城的团结意愿，不仅有形状，还有神态，可谓形神兼备。类似者还有成为磨儿场的圆形、口袋形，含义也同上，比如罗城之“罗”繁体为“四维”，意喻来自四面八方。

综上，场镇千变万化的，如下再可分若干样式，并选实例几案备查。

河街式——巫山大溪、忠县洋渡、酉阳龚滩、巴县木洞、富顺狮市、宜宾南广、邛崃平乐、大邑新场。

此式最大特征是主街与水岸平行，有的距水很近，不一定都是通航的港口。场镇遍布巴蜀江河，不下数千例。两水相交多为清代选址，也有不少仅靠一河。街不论带状、网状，不论长短，临水一街绝对为最早之街，成都平原场镇全部靠水，也不分北岸、南岸、东岸、西岸。但不少前期欠

河街式 酉阳龚滩长达1500米傍乌江河街

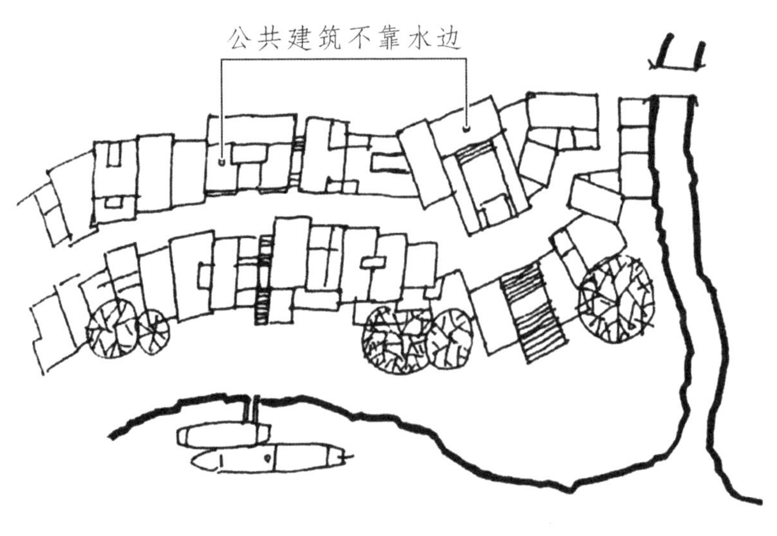

河街式

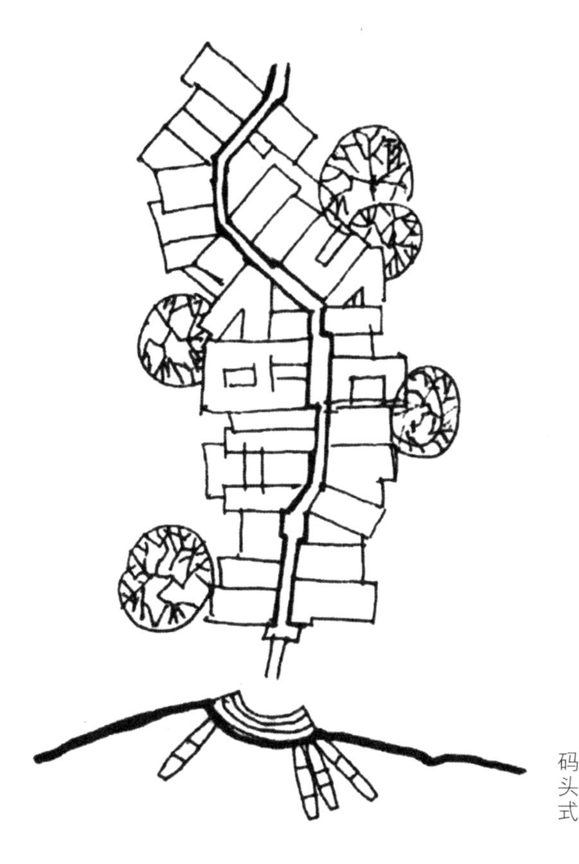

码头式

防洪考虑，多有水灾之虞，故有的就直呼河街。无论何式，只要有水，多数通船筏，交通方便，人们便接踵而至，展开对于场镇形态的干预。

码头式——四川武胜沿口、成都金堂五凤、达县申家、资阳王二溪、内江椑木、重庆江津塘河。

街道不与水岸平行，而与水岸成垂直状或略有一些偏斜。进入一个纵深地区或城镇的港口也谓之码头，是码头最具典型形态意义者，和山地形码头即云梯式街，稍有区别是没有大坡石梯。选址既有两水相交处，也有一水之岸旁。此式理应是云梯式的平地地形形态或缓坡形态，本质意义为人流停顿性质场镇，不久留，是为等船，下船立刻就走或短暂停留的地方。当然，平行水岸者也有，但平面是垂直状者更具形态特点，码头特征也特别强。所以它的街道全追随着人流的步履，适成与河街式类似的又一形态。

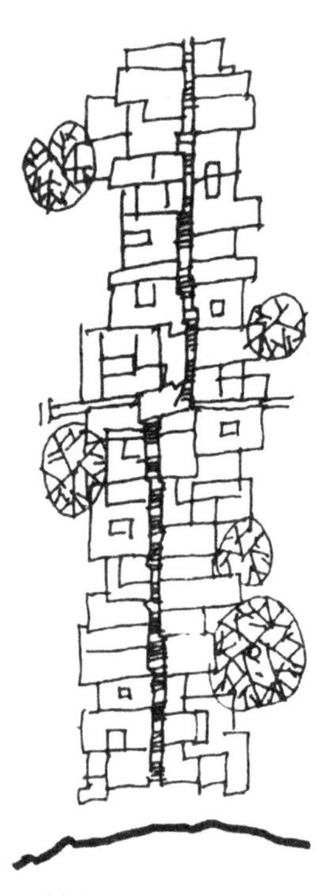

云梯式 长江南岸的西沱镇

云梯式

云梯式——重庆石柱西沱、四川达县石梯、重庆江津塘河、四川合江磨刀溪。

下船就是一大坡石梯，直爬上场镇街道结尾处，这种拉通一条爬山街，民间谓之“通天云梯”。梯步最多者为长江边西沱场，号称5华里（1华里=0.5千米）1800步梯，80多个间隙小平台。云梯式同时又是码头式，往往也是通向纵深地区的口岸，比如西沱是石柱县唯一长江港口。

河街式、码头式、云梯式本质上同属水岸场镇，不靠江河的场镇少有发现。此镇类型极具美学特色，在场镇对岸可以一揽全镇立体景观。这类本身码头式的场镇是流动人口的家园，流动人多，街就长，建筑类型就多，商业就越发达，故事也自然多。云梯街梯步的多少涉及场镇方方面面。若仅论街道形态，就是一个非凡的课题，其对建筑空间拓展的影响深度也是一个繁复的研究空间。

网格式——此类场镇靠水与否都有，是场镇规模比较大的一类，数量不算太大。因此，往往出现一县“首场”之尊，如巴中恩阳、巴县鱼洞、合江白沙、涪陵蔺市、崇州怀远等。场镇形态特征是街巷多而成网状，有的还构成环线状市街，但都不是事先规划之为，而是生产生活的肌理性发展，如恩阳有街巷 38 条之多，看似杂乱，如进迷宫，有八阵图之谓，其实也有规律性的山川方位关系。正是如此，产生了川中场镇特有的诙谐幽默的美学特征，是四川乡土建筑别开生面的重头戏。

廊坊式——屏山楼东、涪陵大顺、三台郪江、梁平云龙。

街道两侧屋檐拖长，加檐柱形成檐廊，进深 2 ～ 6 米不等。一条街有的两侧全覆盖，有的仅一侧，有的街道时有时无，有的还时高时低（如重庆梁平云龙场），有的两檐相接形成一线天，街道全纳入檐廊，原街道变成阳沟（如涪陵大顺），有的高高低低檐廊错落，有的演变成凉厅、骑楼，有的还塑造成船形（如犍为罗城），形成一类独具文化色彩的四川乡土空间。凡此类半开半闭的灰色调空间，在四川遍地开花，包括院落里里外外的廊道，实则是非常人性化、非常前卫的建筑现象，是民间学术性生动的空间开掘与实验，很值得总结与推广。它绝不是单一的“匠作”，而是有着相当深邃的人文与自然背景。

网格式

廊坊式 犍为金李井檐廊简易宽敞

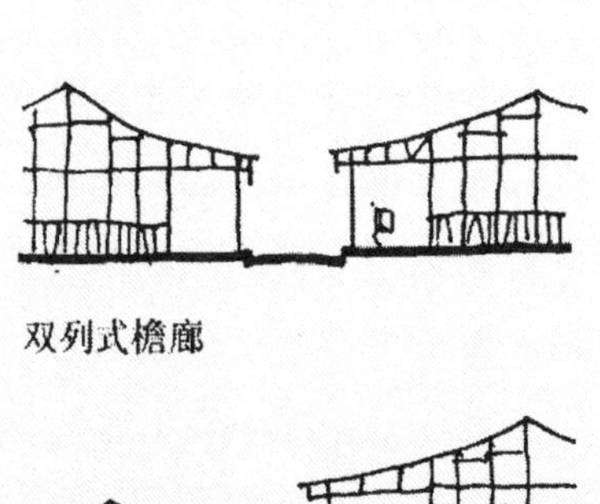

双列式檐廊

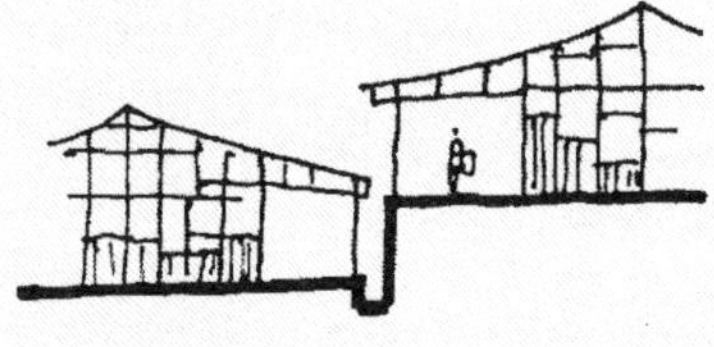

上、下街檐廊

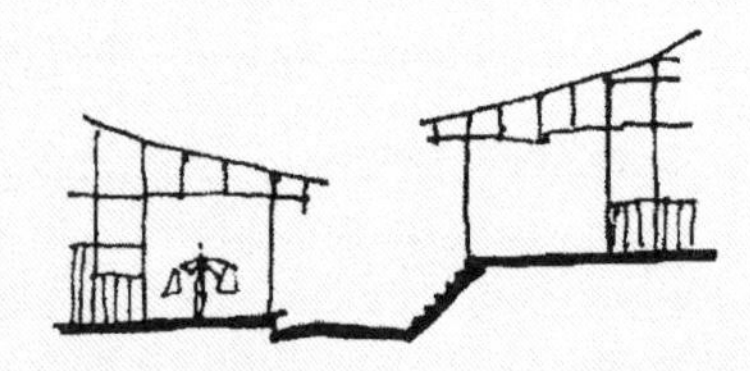

上、下街檐廊二

单边檐廊

两檐相接、廊成街道

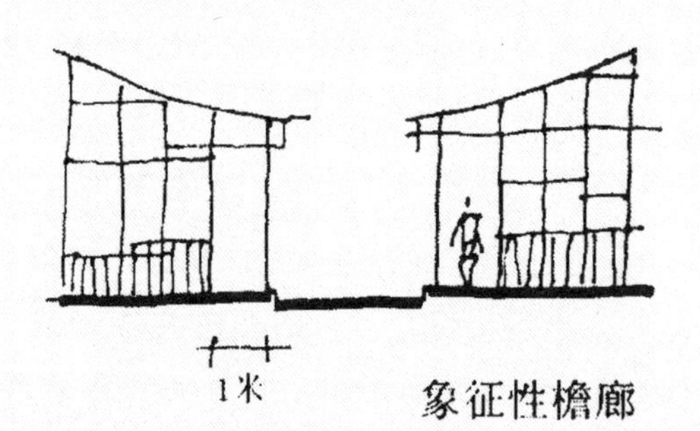

象征性檐廊

半边檐廊

廊坊式

凉亭式

凉亭式——江津中山、乐山板桥、荣县莲花、泸县况场、巫山培石、川南一带。

天井上空加盖，露出间隙采光，如四川宜宾冠英街某宅，富顺庄园“福源灏”中庭等，谓之抱厅。把此类空间延伸到场镇中来，其形不同于檐廊式、骑楼式。而是采用多种手法将场镇街道上空用小青瓦覆盖，并形成一街大抱厅，也是川南一带所说的凉厅子街，目的是让赶场人遮太阳、避暑热，从而凉爽、透气、通风。此类全出现在川南、川东，气候炎热多雨恐为第一原因。

拟物式——犍为罗城（船形）、资中罗泉（龙形）、乐至太极（太极图形）、内江椑木（蜥蜴“四脚蛇”形）、广安肖溪（船形）。

拟物式 犍为罗城船形场镇

拟物式本来是街道构成或空间深化后的形态，但确又形成较为独立的形状风貌及功能，理应是场镇街道最具文化色彩的建筑现象。这在四川表现得很突出，也可以说是场镇数量积累到了一定厚度时，聚落的质的飞跃。一种理想、信仰、意愿、诉求通过场镇的规划、营造，用区域集体人格的幽默方式的表达，诚是乡土文化最高表现形式、空间智慧的最高境界。当然，也有的是对现状的调侃。

船形街

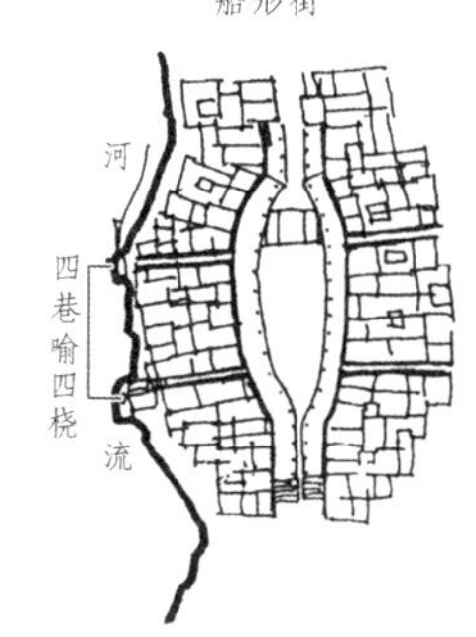

这里面有用檐廊拟船形来诉求和谐团结的罗城、肖溪、铁炉；有用街道是“S”形来状龙的形态的罗泉、斑竹园场，以示龙的传人来路正宗；有利用河流的“S”形状分成阴阳两面的太极场；有街巷的不同大小、主次、宽窄尺度调侃场镇如四脚蛇状的仿生偶然性者的椑木场，等等。

龙形街

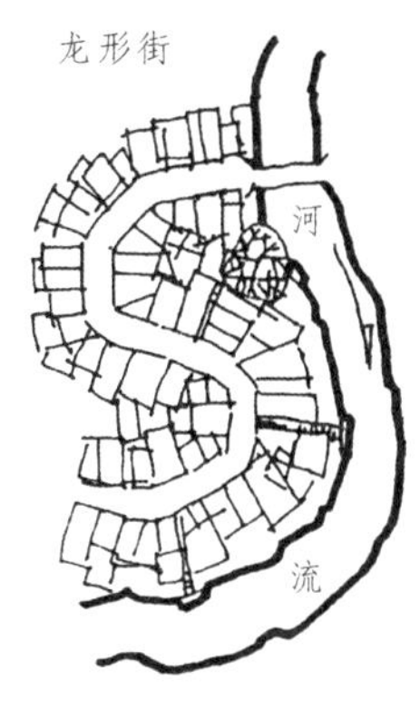

拟物式

骑楼式——大竹清河、柏林、李家、庙坝、石桥，大邑新场。

川中不少场镇和民居、街段和局部，过去都有在檐廊上空覆盖房屋的传统，不过多是断断续续的，少见一条街、一个院落都做成此式。鸦片战争后，沿海和内地交往密切，“骑楼”流行的上海、广东才渐自以此式影响四川。大竹清河、柏林、李家三场是范绍增的故乡，他把沿海这种连续“拱券柱廊式骑楼”用于三场镇的风貌改造，令人耳目一新。建筑学家李先逵认为是“川中孤例”，且具一定规模，可见价值非同小可。李先生还认为“拱廊的圆形柱头做法全然不同希腊罗马柱式，而是用灰塑的传统工艺塑成大白菜、南瓜等普通常见的乡土题材形象，而且造型比例式样也恰如其分，别具一格”。与此同时，四川各地军人、留学生、商人、政客纷纷效仿把此类住宅建在场镇街边，成为一段民国时街道尚风景。

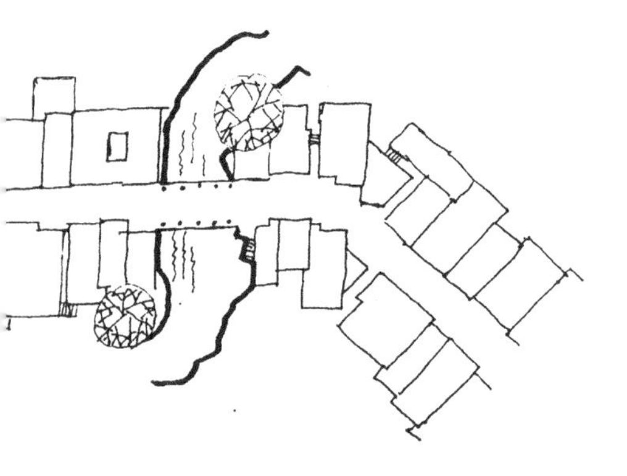

桥街式

桥街式 丰都新建廊桥连接

桥街式——丰都新建、新都大丰、乐至童家、安岳回澜、江油青林口、大竹团坝。

一个场镇是先有街、后有桥，还是相反？这在川中场镇中，也算一式特色之例。也许先有桥，先在桥上做生意，渐渐兴旺起来，于是桥的两头出现房屋连接，场镇就形成了。此式几乎都在小溪小河之上，不见大江大流。多带状街道，桥梁在场镇的中部居多，以石拱廊桥为主，全木结构廊桥较少。既为桥街，一定是廊桥，因为桥上要做生意，有的桥面还分一半来建铺子。还有一式为“工”字形平面场镇。桥在中间，河流两岸为场镇。但已成一体，自然也就有“T”字形，桥为竖向者。但本“桥街式”多指第一类，即“├──┤”形。它的重点是：如果没有桥，场镇就不可能产生；如果桥消失，场镇就跟着退废。故桥是此类场镇的生命线。

半边街式——乐山五通桥、金堂五凤溪、乐山西坝、梁平云龙。

罕见全部都是半边街的场镇，但不少河街、坡坡街出现半边街段落的概率很大，像乐山五通桥，在芒溪河两岸出现共3千米的半边街，这在中国就很罕见了。五通桥是个盐业场镇，“煤进盐出”导致河两岸多达80多个公私码头，要把码头在岸上也串起来，则半边街之成别无选择。川中半边街多数为河街，少数在旱坡上。金堂五凤半边街恰在一悬岩上，风采自然特别。不少场镇半边街仅有一段，多场头场尾，往往成为进出场镇歇脚、等人、调整、聊天的地方，故过去多有檐廊边上置凳设靠，给路人休憩的传统。最特殊是梁平云龙场的半边街，分上、下半边街，成因于地形，不仅通街如此，还全覆盖檐廊，也是场镇罕见之例。半边街不一定都有檐廊，不少出檐较长，出场镇不久又有幺店子，是一种衔接、间隙、疏解活跃场镇空间的优美形式，极受川人喜爱。

穿心店式——自贡仙市、仪陇马鞍、合江顺江、乐山金山寺、合江白沙、

半边街式

石柱河嘴、巴县走马岗、广元柏林沟、巫山培石。

把街道、道路纳入民居中，是常见的事，多数都有商业目的，人称穿心店。建筑多骑到道路上，如峨眉山神水阁某宅、合江车辋场某宅，都做小生意，大一点的如忠县涂井赵宅等，谓之“穿心而过”。然而四川场镇中，不少公共建筑，如会馆、寺庙、阁楼之类也横骑在街道上，成为一道街道景观。要维持公共建筑，尤其会馆之类，首先要解决自身造血机能，方式多为请戏班子演戏。若骑在街上，再开腰门，演出时可据此卖票收钱；平时敞开，一举多得。此式不仅有把公共建筑设在场口者，如重庆走马岗场；还有设在场中段；更奇妙者是乐山金山寺场，其主庙两腰门过街楼衔接街道外，在戏楼下再开一道门接水码头，以满足运盐巴的船夫子们看戏的需求。该街道空间的设计者真是费尽了脑筋！

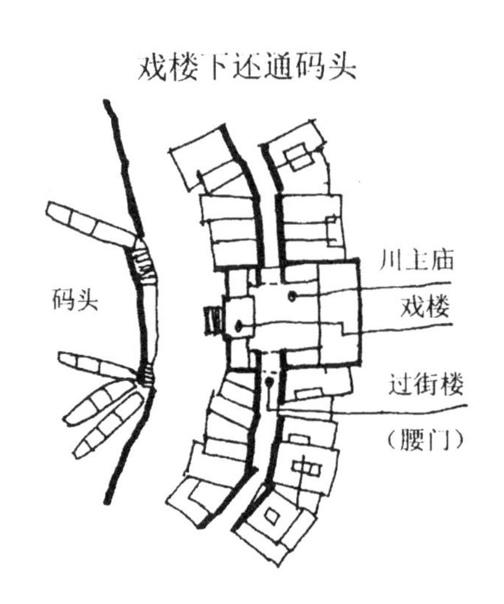

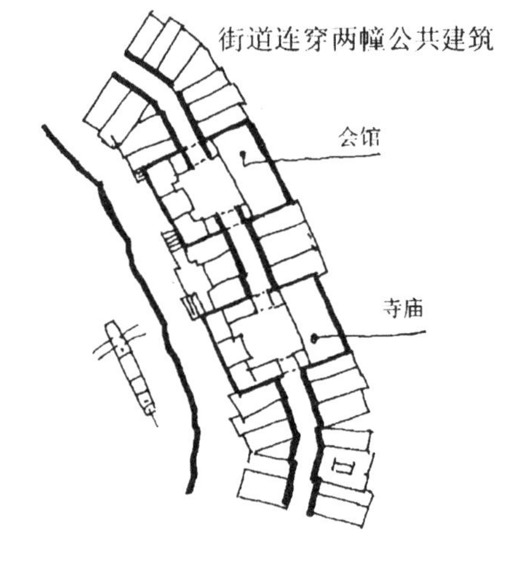

穿心店式 街道从公共建筑中穿过

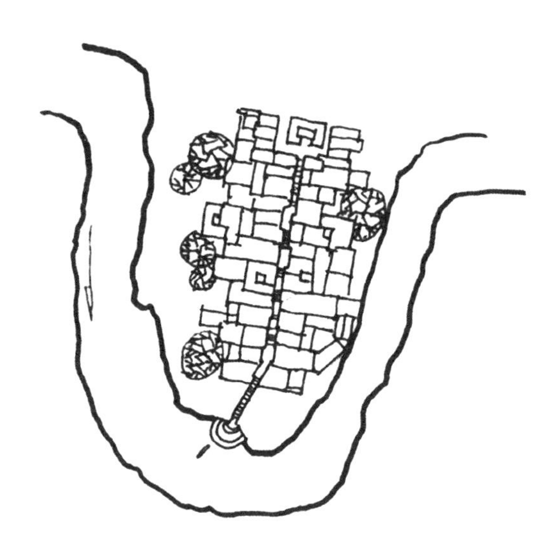

包山式

山寨式 綦江赶水临岩而建，颇有山寨味道

包山式——合江福宝、通江麻石、兴文拖船、大竹堡子。

最早在一个山头做生意的独户幺店子，若巧逢盛世，路人商旅络绎不绝，这个山头很可能发展成一个场镇；若山头用地有限或四周陡峭，居民则不拒困难，充分发挥空间创造智慧，不多久就会用房子把山头覆盖起来，包裹起来。合江福宝清乾隆年间即在此故事背景产生，适成今一山全是房子状态。当然，所能“包”者，多一个小山头或山脊。原因不外乎一方是主要水码头，就是水陆要冲节点。因此，也有类似预盖一面坡地、一面山者，皆异曲同工。此式有个共同特点，即街道都有一处、一段制高点。那里不是寺庙宫观就是大户人家，于是以高为尊成为川中场镇的又一特征。还有利用小山头结合寨子来设寨门，里面把街道做成船形，并立桅杆，如兴文拖船。凡此样式多多，美不胜收。

山寨式——巫山大昌、三台

西平、合川涞滩、雷波黄琅。

有围合，无论石质、夯土，在场镇一级的聚落中，似乎不太多，但城墙煞有介事，有城楼、四门、垛子、甚至瓮城，百姓又称城门为寨门。此类场镇的出现，实则成全了巴蜀设防体系的完整性，即单体住宅设防（如庄园）——山头寨子设防——场镇围合设防——城镇筑墙设防。这个体系的4部分各项，又自成系统，比如场镇系统中，利用各家宅后形成统一的全场镇整体设防，如水巷、火巷、尿巷之类。主街口或设栅子，或设门楼，上住打更匠、清洁工，兼栅子启闭管理。再有场镇四角设碉楼，更严密则砌筑城墙、开城门（寨门）。有门楼一段用石砌，其他夯土者，如巫山大昌，有围合全石砌者如三台西平。无论石质还是木构入口，历代乡民均高度重视这些入口大门的形象营造、美学制作，有的往往成为一场镇的标志性构筑物而名传四方。

旱码头式——合江尧坝、大竹月华、石柱王场、江北隆兴、江津石蟆。

一般而言，没有河流的场镇叫旱码头，这个数量也很多，多在古驿道、古盐道、古商贸干道上出现。或通往重要城镇间路线过长，或边远产粮小平坝必须有相应的服务中心。旱码头有大有小，有中心性质的，如重庆渝北区隆兴场同时辐射周边好几个小“旱码头场镇”，原因就是大面积范围内无江河。除此而外，其他方面均与之无甚区别。唯水的来源令人遗憾，故打井、建塘、筑堰、引渠、屯水田、冬水田等形式成为集水的有效办法。旱码头有的出现在历史上某一时期商贸繁荣的交通线上，一旦时过境迁，场镇凋零也随之显现。如川盐济楚的长江南岸场镇。但多数是农业时代服务中心地理上的均衡配置。

幺店子式——自贡汇柴口、成都茶店子、重庆高店子、重庆北碚金刚碑。

川人称幺店子为比较小的、介于两聚落之间的单家独户，或三五家相邻组成的群体者。如果道路上行人渐自多起来，幺店子也随之变大，并沿着道路两旁不断增建房屋。不过终究还是没有形成固定的赶场日期，规模不是停止发展就是还在发育之中。虽然也有人在此开店经商，但还是没有达到吸引四方农民来此交易的目的。功能主要是为过路客人提供短暂性服务，建筑也就显得简单而随意。如果行人多了，演变成场镇者，也就成了交通型场镇，于是就有一个选址问题。徒步时代，挑夫背客累了多选山垭、丘顶休憩一会，然后下山。因此，那里也就成了幺店、聚落发生地。这在四川大城市、中小城市附近的发生率最高。

四川场镇几乎全是清代以来的营造，作为一种建筑文化现象，不过才300年历史，显然非常短暂，是一过程式、动态式、探索式、区域式大规模的营造社会活动，而不是终端的建筑结果。抗日战争时期的新生活运动不断拓宽、拉直场镇街道，部分点位、街段还不断嵌入新潮的建筑式样，因此，还没有出现一种主流的、共识的区域特征，结果如何还不能预测。恰此，新的时代来临，这种活动就停滞了。

所以，我们回过头来看巴蜀场镇，似乎表层上都差不多，然深入下去，处处感到一种空间的涌动，好像你中有我、我中有你，相互在借鉴，时刻准备拆除后再重建，尤其是加建与搭建数量很大。后来我们发现，此正是场镇不断调整、完善的肌理程序。恰是那些逐渐加建的小楼、亭阁、升高的夹层、冒出的老虎窗、搭建的山面挑廊、偏厦……甚至民居改造的作坊，创造了一种独属于乡土建筑美学的丰富性、生动性和准确性，因为它是由人们实际需要产生的，是不足的补充，是事前没有估计到或设计之不完善的再创作。若拿此观点再审视前述各式，实则多数是无法分什么“式”的，比如河街式，里面同时包含了码头、穿心店、半边街、桥街、廊坊等多特点者，实在也不少。然而分成各式，一是叙述的方便，二则某些方面显得更突出一点，三是一种无奈，因其太丰富而有些不好分了。

场镇形状与神态

巴蜀聚落不同于其他地区自然聚落之始，即显露出不同的空间发展系统，就是立即成街。只要有两户人家开始于道路边，或两户夹道路于中间，或两户相邻道路两侧，即可把道路看成街道。若再有人家来此，则如法炮制排列延长下去，此法至今不改，于是就有了一些“先来后到”的民间规矩，如后来者屋脊不得超过先来者，以此类推，若觉得不能再矮了，可以另开巷子，另制高度另立房子。如此成街，屋脊的轮廓线就不枯燥了，也产生了错落高低的美学趣味，还可从中查找场镇的历史发展脉络，破译各时期的一些空间发展动向和文化思维……于是由此及彼，窥视场镇之成，孕育了诸多不成文的规则，也许这便是它的形态由来之源，神秘和深邃之处、耐人寻味也在这里。其中以街巷、场口、码头、立面、屋面、节点等为一个场镇形态的基本构成，即形状与神态。

街 巷

场镇街巷虽然不长不宽，大部分不复杂，但只要破解它的成因和形态之间的虚虚实实关系，则可知其深浅，好多场镇调动周围的山水林木来诠释它与街道的关系，比如它为什么是弯状的，中段要宽一些，尽头要发生转折，尤其是临水之街，朝上游方口要宽，下游方只准留小巷或由此发生转折，还有各类细节之差，可谓百镇有百镇之说。这里面总结下来，第一是钱财之因，第二是农业社会儒学规范。

既为街道，多因商业而兴，空间功能多多，交易为第二位。街道之成，一定要满足赶场天的人流的需要，这是进财，不能让它穿场而过流走，就需想法在中间街段加宽一点；二是做戏坝子；三是拓宽公共建筑临街大门前的敞坝；四是做宽一些段落的全开敞地坝，如留一节半边街，或两边街都退一点，使一些街段宽起来。但无论怎样变，街道建筑、街口巷口的临街立面必须有封闭之感，目的是不使财跑走，所以真正的半边街是不多的;而穿心店似的宫观寺庙则横骑在街上，形成“截财”式的强封闭状态，是肥水不流外人田的防“漏财”的典型个体做法，甚感形态历练之老辣、“横行”之霸道。然而绝大多数场镇街道追求统一空间约束，临街立面围合相当完满，就是街口巷口易漏财的地方，必做牌坊、过街楼、栅门，以满足祈财、留财、保财的诉求。

因此在街道民居的相邻关系上，又有儒学的“仁、义、礼、智、信”的主流意识在支持空间的营造和形态的表达。如相邻两家山墙共享或各管各家，皆明白无误，先来后到，瓦面谁高谁低已有公论共识，就避免了争吵。若各管山墙延长瓦面做檐廊，檐柱往往两根并置即是此因，当然也就影响了瓦面的统一。恰如此，丰富了场镇屋面的高低错落。此正是以仁为核心的儒家思想在空间营造中流露出来的深刻之处，将所谓宽容和谐纳入构造之中，形态以“仁”塑造无处不在。故神态者，即内中有一种精神同时在形态的存在中得以表露。此应是形态一词在街巷中的完整概念。

当然，由此及彼解释街巷形态和谐者还很多。二、三层较高楼房挡住一街视线、挡住场镇主入口、挡住上游水口、挡住观察舟楫动态视线者少，原因在于一街生存危机的约束，并共识任何有损如此形态者，皆成大忌。于是街巷形态有了本质的发展控制。所以，街上高一点的楼房往往建得妙不可言，在再恰当不过的位置，成为一街亮点。

场口、码头

场镇如果平行于河岸，就会有上场口、下场口之说，朝上游方向的场口称上场口，反之称下场口。上场口开口宜宽大，不能有过多构筑物封堵，原因在风水上是它进财之门口，意会水同金，即财喜由上游而来。所以，应有较宽的场口对上游水口之地。场镇大、水口还可设庙，还有进而发展成场镇者，如乐山城上游大渡河就有水口镇，正对乐山码头。故传统场口受水口牵制很大。那么，场口空间历来讲究有一定面积平台，略宽，利于人流、物流的进出。所以历来场口地面石板铺陈都较认真，绝少裸土岸。

场口是方位，是人货聚散的口岸，也是脸面，还是关口等。因此，空间设计、运筹就很复杂多变，故而形态非常丰富优美，比如有门楼、寨门、牌坊，如三台西平、合川涞滩、广安肖溪、乐至薛婆木牌坊等；如桥梁，有乐至童家、酉阳龙潭、重庆磁器口等；如碉楼，有合江元兴、磨刀溪；如会馆、寺庙，有巴县走马岗、石柱河嘴等；如茶铺、酒肆、客栈就更不胜数了，如巴中恩阳场口码头、一茶旅社。其清代就大开窗，临河而置，八仙桌、大条凳靠栏临窗，一派和大自然零距离的亲善气氛，全木结构，无窗棂封外墙，尤显古典乡土中的奢华极致，正所谓一场之脸面是也。上述多上场口或主入口之谓所属。而下场口或次入口就显得简单一些了。总之，场口是一镇形象的标志，古代又无专门的设计导则之类，故四川 4000 多场镇就有 4000 多个不同的场口空间形象。

场口和码头有时不太好区分：不靠水的场口一目了然，江河旁的场口和码头有时空间上挨靠一起，往往场口即码头；但长江边的场镇不少场口离码头较远，或隔着大片河坝、大片沙滩，说不定有两三里地。如果同时兼具两者，形态上就更加五彩斑斓了，一切围绕航运的多空间在此展开，如修造船工场、铁匠铺、专营拉船的牵藤铺、以船帮为主的王爷庙、餐饮、栈房、茶馆，尤其是季节性的“河棚子”（临时棚户一条街）更是沿江场镇场口一大人文景观。渔民、菜农、行商、打工仔、工匠、过客、神职人员……整个人流和临时性棚子，加上上述场口建筑配置一起，可谓百业兴旺，人流如潮，显示出场口与码头空间一种动静合一的鼎盛风采，但一到洪水期这些就消失了，而九月又开始涌动在场口码头，所以它又是动态性很强的场镇形态。这些空间时代特色是不能回避的。

立面（场背后与临街面）

“立面”其实是感知一个场镇最初的形态信息面，分外立面和内立面，恰如杂志的封面。先是好不好看；再就是高矮、宽窄、结构、构造、材质、色彩、装饰等，平常人等各取所需。

首先是外立面，场镇的外立面是一个整体，一家连着一家，大者绵延数百米，小者百米左右。百姓把畜圈、作坊、厕所、阁楼、水榭、水埠、房间、绿化……凡不是店铺商业的生产生活空间全都放在了后面。所谓“前店后宅”，就是把最具生活情调的场镇建筑都在后立面展示，川人称呼为“场背后”。因此，所谓“后立面”还存在景深、错落、起伏、天际线、临水倒影等虚虚实实的变化，这是巴蜀场镇最精彩的意境产生源出之一，可谓百镇百貌。原因在于内部功能的多样性，直接影响了外观的适应性。尤其是场镇的临水面，因隔岸产生距离美，视野较宽，易于把握整体，呈现出连续的、变幻的、高低错落、曲回婉转、诱人遐想的空间构成美感。无论是木构干栏体系或砖木、夯土系统，均各呈异景，瑰丽多姿。著名场镇有酉阳龚滩、夹江铧头、巴中思阳、通江阳柏，酉阳龙潭、隆昌渔箭滩及大批成都平原场镇等，数不胜数。

场镇的内立面即街道立面，多属前店后宅的前店部分，另有公共建筑祠庙、会馆之类镶嵌其间，再有小巷、岔街、广场、桥梁、石堡坎、梯步、栅子、过街楼等，当然奇特者数“穿心店”式的会馆、祠庙内立面，因街道从中间穿过，其主殿、戏楼各占街道一侧立面。街道于是拓宽成看戏坝子。巴蜀场镇街道内立面是一个丰富又变化多端的空间长廊，不过主体还是民居，前店后宅、下店上宅的民居。最可贵的在于，这些民居立面或三开间、五开间，或一楼一底、二楼一底，或中部明间开门，左右次、梢间开店，或脊高于左右宅，均让人得到建筑主人的一些背景信息。现象证明，内立面传导出来的若干密码，正是场镇社会发展的断面，也正是主人多方面积养的流露，所以宅店又称“门脸”，何其天人合一！

屋 面

林徽因先生认为："我国所有的建筑……均始终保留着三个基本要素——台基部分、柱梁或木造部分及屋顶部分。在外形上，三者之中，最庄严美丽、迥然殊异于他系建筑、为中国建筑博得最大荣誉的，自是屋顶部分。"

四川多丘陵山地，场镇多在稍低一点的地形上，所以场镇屋面容易被周围高一些的地方观察到。于此正如林徽因先生言，它的庄严美丽显露出来，给人一种异域没有的特殊人文之美、中国历史与文化的创造美。四川场镇中多宫殿式建筑，诸如会馆、寺庙之类。它在以民居为主的大面积场镇屋面中突出地显示出一种神圣的大屋顶屋面的构图美、主次有序的整体美、小青瓦统一色调的和谐美以及与周围青绿山水高度融入的田园美、色彩美。如果再解析屋面构成，类型上有庑殿、歇山、悬山、硬山多式，前两者公共建筑居多，后两者民居居多。尤其是一些小品建筑，诸如歇山屋顶的小姐楼、观景楼、攒尖顶的亭子、阁楼，一些边远场镇的歇山、悬山式碉楼，它们以特有的高度、体量及造型，使得场镇屋面一下就活跃起来。这是屋面深灰色调一种"面"的变化，显得分外柔和与平实，充满了空间的诱惑和想象力，无论屋面"面"的变化如何丰韵又飘逸，终掩饰不了街巷两列屋面构成的"线"的动向、合院天井深井式的深色方"点"深邃。因此空间点、线、面、色的形式关系得以完善，并构成一个独特的空间系统。正是林徽因先生为之倾倒之根源、四川个性之乡土、中国独有之文化。日本画家东山魁夷画了不少中国屋面，他认为特征是静，意境是禅，多北方屋面。如果是四川场镇屋面，还可加上一字——"仙"，成因于飘逸。

节 点

巴蜀场镇很大比例为带状形态，其次是不规则路网状，真正形成南北、东西轴线相交者，在场镇级别中是罕见的，只有县治所在地才能如此。这是巴蜀场镇与城镇主要的区别，原因是多方面的。因此场镇的节点就不太可能出现像城镇有规整的南北、东西轴线相交的中心空间节点，而多是下面几种形式：

各类场口、巷子出入口、码头节点；

主街与巷子相交口，包括多巷与街相交口节点；

戏坝子（川西叫台子坝）汇若干街巷于一体开敞空间节点；

以桥为媒介构成中心，以公共建筑及“穿心店”构成中心节点，等等。

节点是巴蜀场镇中一个很有特色的乡土空间形态，而且形成了一个多姿多彩的系统，在空间渗透性上，呈现多角度，多侧面，纵、横、竖三向等多方面的表现形态。这里往往是邻里相处、和衷共济，展示存在、分寸把握等最具空间智慧、巧斗技艺的地方，原因是人流决定商业空间和细节。节点是人流集中之地，必须调动更多的空间元素为商业服务，所以不少节点看起来随意，细品起来，皆为呕心沥血之作，是一种公共空间秩序的制衡，一种以传统儒学为背景、以“仁”为核心指导下的空间再分配。

节点同时又是一个场镇的脸面，街道韵律中的节奏是场镇美学中的亮点。它的营造历来为业主与工匠重视，所以，节点不是场镇的中心就是副中心。出彩的空间汇聚流量最大的人流，节点又是小镇节假日最热闹地方。不少地方利用主街节点的宽敞空间修建公共戏楼，如大竹县杨家场、邛崃回龙场、金堂五凤场、仁寿汪洋等，以满足更多人的文娱欲望。所谓“台子坝”正是节点的乡土称谓，此在文化发达的邛崃表现最明显，几乎所有的乡场都有公共戏楼。青神县汉阳场码头节点，一家制售拉船牵藤的人户同时又开茶馆，主人把建筑偏厦重新搭建组合，外观变得自由、随意，使得生意向好大变。

建筑（公共建筑与民居）

建筑永远是一个场镇的主题，几千个场镇就有几千个不同的形态。在建筑组团方面，里里外外、大大小小，笔者没有发现一例雷同者。公共建筑中有会馆、寺庙、祠堂等；民居中有前店后宅、下店上宅等式；也有不开店，或单开间、双开间、三开间，朝门加外墙者；还有个别一姓占一小段街者；同行业相聚一街者等。公共建筑以会馆为大宗，原因在四川是个移民省，各省移民奉会馆为故地，把它看得很神圣，进而做得很豪华。主因在张扬故土文化上，目的在聚合人心、壮大乡威，是封建氏族社会的延伸和放大。因此，建筑做得最好，场镇中的所谓“九宫八庙”以会馆为最佳。四川自秦至清，基本上是移民社会，历朝历代世居民没有机会形成支配社会发展的主要力量，这就孕育、积淀了四川民众相互包容的行事基础，创造了通融和谐的良好环境。各省移民尽情大放异彩，展示各自独特的存在，尤其是清以来规模最大的一次移民运动，可谓把四川各地的会馆建筑做到了极致：一是多，数量达两万多个；二是豪华，如自流井的陕人西秦会馆、贡井广东人的南华宫；三是远涉边区，如清马湖府驻地之屏山，谓之四川会馆最多的地区之一，邻近的彝区雷波黄琅场，更是九宫八庙齐全。甚至四川与云、贵、鄂接近的地区，也有移民会馆分布。会馆功能无所不包：聚会、酬请、接待、职介、宴席、学校，凡同乡需解决之事均可在会馆内得以进行。

会馆以湖广（湖北、湖南）禹王宫、陕西关圣宫、广东南华宫、福建天后宫、江西万寿宫为大宗，其余世居川人之川主庙、贵州黑神庙、山西甘露寺等较少。云南会馆只在宜宾市发现一处，仅存戏楼，非常豪奢，楠木柱直径达80厘米。楼下入口直接面街，是极难得的会馆案例。笔者将会馆和寺庙、祠堂分布位置相比较，尚未发现一例会馆位于农村田野中的。

寺庙建筑在场镇、农村田野、山林间均有分布，即任何地方均可分布，不太讲究非什么地方不可。在和场镇关系上，有的大寺观与场镇生存休戚相关，具有一荣俱荣、一损俱损的生态链作用，如梁平双桂堂与金带场、射洪金华场与金华山道观、甚至峨眉山与绥山镇等均是实例。总体而言，场镇中的小庙较多。不过，在川江沿岸场镇上，王爷庙的出现是一大奇观。它在规模与装修上往往超过会馆，原因是依附水运生存的人口数量太大，他们需要一个场合，一个空间寄托期望。以自贡王爷庙为典范，和全川的会馆比较显得特别壮观。有的场镇没有客籍会馆，只有世居民川主庙。此类很可能是当地移民较少或者根本就没有。这在盆地周边山区场镇表现突出一些。只有寺庙没有会馆者也不少，原因同上，有广元柏林沟、犍为金李井、江津塘河等。更“干净”者是没有一所公共建筑，全是民居的场镇。综上，有如下几种情况：

公共建筑中会馆与寺庙、祠堂均齐全者，或各自数量不等者；

或只有会馆没有寺庙、祠堂者，或相反者，或只有其一；

全场镇是民居者。

寺庙涉及较广，有药王庙、土地庙、坛神庙、三抚庙，观音庙、三圣宫、川王宫、大庙、火神庙、王爷庙（清源宫）、城隍庙、灵官庙、鲁班庙、娘娘庙、玄坛庙、老君庙、奎星庙、龙王庙、东岳庙、张飞庙等。谓之“九宫十八庙”，有的大场镇还不少于此数。还有拿庙名做场镇名的，如平昌县东岳场；更有场镇已有天主堂、福音堂、基督教堂出现，建筑多结合本地特点，甚至用民居改造而成，如大邑新场天主教堂。

祠堂在四川场镇中的生存状态不佳、数量不多是有其根源的；根源在大多数祠堂位于农村，个别地区也有密度较大的祠堂集中分布于场镇。祠堂是以血缘为纽带的空间，农业的宗族生产关系易于形成这样的纽带，也会产生强化这种关系的组织及载体。而场镇是多业态、多姓氏、多地域组合的形态，单纯的血缘关系已不存在，所以四川场镇祠堂少于农村。所谓少，实则量也是惊人的。清末傅崇矩有《成都通览》一书，对城镇祠堂有统计：“成都 500 多条街，有祠堂 84 家。”而县份农村则“威远有宗祠 600 多家，犍为 200 多家，崇州 179 家，广汉 140 余家，邻水 148 家”。

相比较而言，农村祠堂的数量远远大于城镇，可见其在血缘关系上的空间区别。不过，所谓“县份”，实际上包括若干场镇在内，即场镇也有一定数量的祠堂分布。调研显示，大多数场镇无祠堂，自然在空间关系上，在影响场镇形态上就远逊于会馆、寺庙。再则，四川祠堂不少是合院民居改造而成，有的甚至原封不动，只是功能空间称呼上变化而已，如堂屋改称寝殿、过厅改称拜殿等。所以，在影响场镇形态上很难有质的突破。但城市里的个别祠堂应另当别论，如成都龙王庙街的邱家祠堂中轴三进三院，后院为寝殿供列祖列宗牌位。外套 6 ～ 7 个小合院，大门临街，尤显高朗，有别于民居的造型。而农村，如云阳彭氏宗祠、资中铁佛李家宗祠均以雄奇威严称誉一方。

最后，还有善堂一类建筑在四川场镇中时有发现，比较起来，数量相对有限，其功能与形态较模糊，如成都大慈寺街区发现有鄂东善堂，普通四合院形制，大门做得高一点，显见是湖北东部移民建设的带有会馆性质的慈善机构。而石柱王场王云中善堂、江北滩口善堂全然私人性质，属借医行善的诊所，但在合院堂屋上空竖立一四角歇山顶阁楼，这就在场镇形态和风貌上别有风采了。可以想象，全是悬山的青瓦一色屋面，突然冒出一个四个坡面的歇山顶来，鹤立鸡群似的惹人眼目。但在公共与私宅之间出现不好划分的情况，个中有公共性质的，也有私家性质的。建筑上也力求别出心裁，终因量少没有形成统一形制。

场镇公共建筑总体追求坐北朝南方位，实在条件限制，宁可建筑后面临街也不改初衷，如成都洛带南华宫、万寿宫，或者干脆不临街而在场镇外围建修，还有与中轴线大致左右对称。会馆、寺庙大门后多设戏楼，人由楼下进入。若是祠堂和有戏楼的民居，大门则在两旁而不由戏楼下进入。这是部分地区约定俗成的基本规则，当然各地又不同。但会馆、寺庙之类公共建筑主入口必是中轴线上的戏楼之下。此作是否有强调公共建筑威严意思？为什么会这样？尚值得研究。总之场镇公共建筑是一个体系庞大的空间宝库，涉及空间创造的方方面面，蕴含了民间的空间智慧。

场镇民居是一个繁复之处见精微的庞大空间系统，千变万化。它以最早的临街单开间发展到民国年间的数十开间的联排房地产；从单开间几米进深，发展到近100米的共四进四个天井加后花园的大进深。前者以大邑场镇民居为最，后者于洪雅镇关所见。这些发展从纵横两向展示了巴蜀场镇观察民居切入点。因为我们看到的民居仅是街道两侧的立面部分，也多涉及所谓店铺之类，实际上还包括住家户、小巷、小街入口、公共建筑大门及后立面等。仅民居就又有各历史时期不同街段民居风貌，不同功能和尺度的临街立面，有的人家甚至照搬农村合院全套于城镇，那真是五花八门，五彩斑斓。甚至成都市中的上莲池街，20世纪70年代前就有农村全夯土围墙的茅草屋三合院于市井之中，更不用说场镇了。场镇民居中，除大部是店铺外，有的住家户还各显形态，有垂花门、屋宇式门、里坊门洞，有三分之一用于进入后院的大门、三分之二做店铺的前店后宅式。更复杂的产权范围，还可以从屋面来区分。多数一家屋面一个单元，无论多少开间，一条脊高，一个脊饰，更细微之处是一个立面用材、装饰、手法。如果开间尺度在5～6米之间，柱间又用的是弯木枋，还有可能是明代留下的民居，若再加石柱础是覆盆式就可确定无疑了。因为大多巴蜀场镇是清代产物，立面开间多在一丈或一丈多一点的尺度之内，但很讲究尺寸尾数的吉祥之意，如1丈2尺8寸、1丈1尺6寸、1丈零9寸，尤其是“8”的应用广泛，因街道民居店铺是生意人家，求的就是发财。

场镇民居与农村民居本质上是无区别的，不同的是用地限制。部分空间，主要是下房功能发生变化所带来的进深系列变化，而于千变万化中不变者是堂屋核心空间的位置，即它必须在中轴线上，无论堂屋选择何处，或居家的临街处、商用中段的过厅处，或上房处，就是仅一个开间，堂屋均无可动摇地把香火设在中轴线上。这样雷打不动的空间衡定，充分调动了进深的设计想象力和创造力，尤其是大进深空间。从而形成非常精彩的多进多院不同格局，走进去，扑朔迷离中不失传统空间秩序，秩序遵循中又不失变化丰富的空间组织。归纳起来，就是以人为本的空间创造，生产生活安全方便是场镇民居建造的核心原则。

场镇外围空间——幺店子

场镇不是一个孤立的组团聚落，在自然与人文的和谐相处中，其有机性还呈现二者之间一个过渡空间，即场镇外围空间，这也是巴蜀场镇一个很有特色的乡土文化聚点。一般距场镇有几百米或更近一点的田野大路上，那里往往有一颗大黄桷树、一座小桥、一段水流、一块巨石、一丛修竹。进入场镇这里可等人等物、调整衣冠，离开场镇可稍事休憩、聚纳精神、逍遥远行，此就是名闻全川的幺店子，比如酉阳龙潭下场口外约500米处有一座跨小溪的廊桥，旁边大乔木掩映下的一家青瓦农舍兼做一点小生意，门口还摆了几个石凳。重庆西郊永兴场（现叫西永镇）接歌乐山冷水沟下来的古道，约300米处有一大石平桥房，这个幺店子卖薄荷水、凉醪糟等，凡挑担下重庆者最喜于此稍息。这样最多三两人家组成的店子一般不会发展成场镇，因为它距场镇太近。所以，它和那些大、中、小城市不远的“幺店场镇”又有区别，它只出现在场镇不远的周围道路上，尤其是干道。

场镇外围空间不少是景点：一处完美的建筑，包括民居、作坊、牌坊、小庙、桥梁和树木、竹丛、田野、溪流共同组景的巴蜀乡土风情、风俗、风景，自成一组的美丽景点。从美学角度而言，它更易于人的视觉把握，并形成整体印象，留给一生记忆，不像场镇太大，视觉接收面太庞杂，记忆容易流失。所以，川人说童年，多说幺店子，又因其组景的自由、天真。

小 结

本文研究的时间段是自秦灭蜀至清末民初这一历史时期。至于先秦巴蜀地区是否存在自然聚落，是否存在以血缘为纽带的空间组团生存形态，尤其是以农业为基础的家族聚落，尚无明确的考古学方面的力证。这是需要说明的。

另外，当代四川农村，由于城镇化的原因，已经出现不同规模的集中居住现代聚落，基本上是按北方聚落思维，即用自然聚落稍加规整的手法组织、规划。显然，这是忽略地域传统居住习惯模式的现象。这个问题还可延伸到中华人民共和国成立以来，不断在农村实行拆除散户、集中居住，以求繁荣，终难见起色。这种计划经济指导下的空间认识必然排斥以商业为主的传统场镇核心空间价值，即市街的研究与设计。此恰恰不符合城镇化的初衷。因此，返回来看巴蜀场镇的历史、文化、经济价值，是很值得我们传承的。

——四川省住房建设厅干部培训班开学讲稿——

参考文献

[1] 李先逵．四川民居[M]．北京：中国建筑工业出版社，2009.

[2] 徐中舒．论巴蜀文化[M]．成都：四川人民出版社，1985.

[3] 陈世松，等．四川通史[M]．成都：四川大学出版社，1993.

[4] 蒙默，等．四川古代史稿[M]．成都：四川人民出版社，1988.

[5] 王刚．清代四川史[M]．成都：成都电子科技大学出版社，1991.

[6] 刘致平．中国民居建筑简史——附四川住宅建筑[M]．北京：中国建筑工业出版社，1990.

[7] 季富政．巴蜀城镇与民居[M]．成都：西南交通大学出版社，2002.

[8] 季富政．采风乡土——巴蜀城镇与民居续集[M]．成都：西南交通大学出版社，2005.

[9] 季富政．三峡古典场镇[M]．成都：西南交通大学出版社，2007.

[10] 季富政．四川民居散论[M]．成都：成都出版社，1995.

发现散居·发现聚落

关于散居

概 说

分化·发展

单开间

一字型

曲尺型

三合院

四合院、复合型合院

庄 园

东汉庄园解析

“万事不求人”的空间诠释

风水

中轴线

围 合

交 通

结 构

学 堂

娱 乐

寺、观与祠堂

作 坊

闺 阁

装 饰

桅 杆

关于聚落

关于散居

概说

众所周知，中国是一个区域文化浓厚的国家，它的丰富性是一个民族几千年来的智慧结晶，同时也体现出一条寻觅发展的路。自公元前316年秦统一以来，巴蜀之域带来中原文化并大力推广，川人不仅从那时起“始能秦言”，说中原话，还遵循了中原居住习俗、文化，即遵循“人大分家、别财异居”规俗，改革旧制，奖励耕战，打破聚族而居的宗法传统，规定成年之子必与父母兄弟分家，老人最后的养老送终留给最小的儿子，于是产生了独具巴蜀特色的场镇聚落。也许从那时起，在约数十万平方公里的巴蜀之境，就开始各家各户单独散居田野了。在时隔两千多年的当代，此风仍然存在。

如果我们把“散居——场镇聚落——小、中城市——大城市”看成是一种人文生态的空间链与结构的话，显然，散居就是这种空间关系的原点。

问题是，之前学界普遍认为，除少数民族外的巴蜀汉族习惯居住区域，是一个传统村落或曰聚落从概念到形态的模糊领域，即巴蜀地区究竟有没有传统村落？说有者拿不出像样的实例，说无者，也空有其谈。这就在巴蜀建筑的生态链上似乎少了一个传统村落或聚落的重要环节。

这个问题经笔者经过30年的调研，发现直至清末确实没有真正意义的自然聚落——以血缘为纽带和其他原因形成的传统村落。究其原因，似乎有如下之据：

1. 公元前316年前不可考，但秦灭巴蜀后必然把在中原推行的散居这种规俗和文化带来并巩固推广之。

2. 分散在自己或租佃的土地旁居住，无疑是农业社会提高生产力的有效手段，形同分田到户，如此构成的生产关系应是先进的、具有生命力的。

3. 四川（包括重庆和相关地区，下同）是移民地区，历朝皆有规模化的移民入川，移民的基因就有不断变动成分，哪里好就往哪里迁，也形同现在四川外地打工人数在全国居先。清代移民长达150年，个中包括省内外不断变迁调整，尤其各省移民相互间的通婚及认同，所以要衍生血缘为纽带的聚落，显见缺乏时间和环境来保证家族繁衍的纯正和持续稳定。所以，四川各省移民早已大混合散居，形成相互穿插、互不干扰、融洽包容的居住格局，这也造成了川人性格，反过来又支撑了散居的融融乐乐状态。

4. 关键是，由于散居，巴蜀地区找到了一种新的聚落形式——场镇，一种以街道为轴线的空间特征的多元素构成的聚落。它的功能的全面性，远胜于自然聚落。而自然聚落必需的，它一样可以建在场镇，亦可散建于田野，比如祠堂，在场镇、田野都可建。族人聚居，相聚一条街、一段街也可。

分化 · 发展

随着社会财富积累不同，人丁增加等情况的变化，人们对居住条件的改善也有了相应的追求，于是散居的单体建筑必然分化成有大有小、有简易、豪华、多层次、多形态的复杂局面。但它又受到中原建筑型制及文化的制约，因此总体上仍体现出中原住宅文化地方化倾向，也就是具有巴蜀特色的中原住宅。特色不仅指建筑景观、结构之美，理应包括文化内涵等。

分化导致财富不同的空间化，展示了某种程度政治、经济、文化纠结一起的物质民俗侧面，以及由此形成的住宅空间动态生态链，从住宅开间的原点空间到庄园庞大的空间极致，述说了一个发展进程，一个空间轨迹，它们是：

单开间——一字型——曲尺型——三合院——四合院——复合型合院——庄园。

此仅是单体住宅走向，不能全部说明巴蜀乡土建筑真实生存状态。比如移民情感归属问题、行业态势信息掌控问题、居住宗教信仰问题、部分家族聚会问题等。尤其是生产生活资料交易、交换等问题都需要一个场合，一个有空间、时间（场期）保证的聚落新常态，场镇聚落于是应运而生。当然，也出现了自身机理性极强的发展轨迹，如下：

三五家幺店子——水旱两路节点聚落——带状场镇聚落——网状场镇聚落——特定物象场镇聚落——首场与县治所在城镇。

在单体与聚落分化演进过程中，一些局部地区也出现了与中原住宅关系不大的、极具地方色彩的住宅建筑形态创造现象。比如重庆的涪陵、巴县、南川、武隆四县交界山区，于清末民初为防匪患，曾规模化出现夯土住宅的营造。以现存的近200例推测，高潮时上万例是可能的，自然个中有不少造型、功能等方面独特的案例，似可分为几类，值得一叙：

1. 传统木结构与夯土碉楼结合：在中轴线以外的梢间、尽间位置，三合院、四合院的四角位置建夯土碉楼。

2. 全夯土外墙、内部2～3层木结构独幢式住宅：四周开枪眼、投掷孔、小窗。本地也称碉楼，面积远大于上述碉楼，实为夯土住宅，均为本地农民设计创制。全为单家独户散居，极具个性，形态多端，与中原形制毫无关系。

3. 土楼式：外墙夯土围合，内部按九宫格划分2～3层穿斗木结构框架，中天井采光排水，个别有内回廊加隐廊，是和碉楼完全不同的内部空间系统，本地称为寨子。

上述尤以第2类表现出独创性，似乎与全国其他地区，尤其闽、粤、赣三省交界的客家等处山区不同，表现出全国民居的唯一性。客家学学者罗香林[注]列举四川38个县为客家人聚居区，其开头一、二位就是涪陵、巴县。如果说上述受原乡民居影响，第2类则是脱胎而出，是极其珍贵的

罗香林（1906—1978），著名历史学家、民族学家及客家学的奠基人，著有《客家源流考》等著作。

民俗居住物种。

至于场镇聚落在分化演变中，内外空间易于判断者，数羌族、藏族、汉族交界过渡区间的聚落表现得最充分。比如，理县通化羌寨，本为羌族聚落，处在通往阿坝藏区的官道上，明显形成通过型道路，两侧紧列羌族民居，也开商店，但无汉式店铺形象的空间状态。这实际上已成带状街道，只是无场期的羌族场镇。此类状态还表现在雅安汉族藏族交界地区，西昌彝族汉族交界地区，酉阳、秀山、黔江等土家与汉族交界地区，只不过两族空间交融的深度不同而已。与此同时，单体也在上述地区发生各族民居交融状态，理应也是一种汉族边缘地区的空间分化发展。

下面，笔者将分开介绍散居和场镇聚落。

单开间

这是一类大数量客观存在的民居现象，不要因为它似乎不成形制而忽略，它是过去农村贫弱之宅，面积非常小，多两辈人居住。它可能是一切所谓有形制者民居的鼻祖之一。

它们大多数是草顶、杉树皮顶。草类有野生茅草，所以叫茅草屋。多数用麦草、稻草覆盖屋顶。双流、彭山、眉山一带，还有半草半瓦混合状态，即屋顶上半部分盖瓦，下半部分盖草。于此外观，微妙地反映经济变化程度。草房一直影响到多开间，甚至影响到四合院屋顶。

单开间立面自然是两柱一开间，宽可达 6 米，关键在左右侧靠山墙可搭建偏厦。因此面积支撑的功能就圆满解决了，比如厨房、畜养之类空间，尤甚堂屋出现了。此正是民间说的“假 3 间”。屋身墙体以木板、竹编夹泥墙为主。如果是夯土墙、条石或干打垒墙，因其墙体可以承重，开间的宽度就变大了，此算不算单开间呢？

在川西两千年间，草房遍及田野营造学社刘致平做了深入研究，显然是受到量和质的吸引，因此形成了专盖草屋的工匠——盖匠[注]，涉及复

盖匠：四川农村对具有盖房屋手艺工匠的称呼。

杂的工艺、结构、选材。四川其他地区单开间草屋各有招数，甚至出现两层有楼的单开间亭阁式草房。如果不计开间数，只论草顶，极致可能在西南大学礼堂，大约20世纪60年代拆去，据说原是川东行署的礼堂。

一字型

成都牧马山东汉出土的庄园图像，左上方有两人“坐而论道”的房子，便是四川的3开间，也是散居于田野的庄园最早确证，更是一字型的完整面貌。

所谓一字型，即住宅呈一字横向排列，多3开间、5开间，各地7、9、甚至11开间者也时有发现，它不受“天子九间，王侯七间，大夫五间，士以下不得超过五间”的约束。笔者调研没有发现2、4、6等双数开间，但在荆楚长江一带就发现过双开间。可见，中原住宅文化在巴蜀影响的深度和广度。因为只有单数才能适成中轴意义的厅堂。加之多山地形利于一字型空间展开、建造成本较低等，造就了单开间的一字型民居广泛存在。

一字型平面亦变化丰富，但无论如何变，始终动摇不了中轴堂屋间的绝对位置，即一字型为任何传统空间的上房，只要一开建，最后发展成再大合院族群，一般也不会动摇它的上房位置。但是四川的一字型为何宁可延长两端，也不愿加建厢房呢？除了地形所限外，就是不给儿子留后路。此正是“人大分家，别财异居”风俗在住宅空间上的生动诠释。

简单的3开间次间，清代左次间多住父母，右次间小孙子可与祖父母同住，如朱德、卢德铭小孩时就与祖父母住在一起，邓小平则出生在左次间。

川西大邑、邛崃一带现存的明代民居3开间、5开间普遍带有檐廊或骑楼，所以，四川带檐廊的一字型民居和其他类型带檐廊的民居地区，甚至发展到有檐廊的场镇，恐怕都是明代民居的延伸。这里面不能光拿气候做解释，社会因素对建筑的影响在先秦时代就是主要作用了。当然，地形等自然条件的影响也占很大因素。

一字型民居是一个完整独立的民居品种，是巴蜀地区三代同堂最简单的合情合理的空间存在，也是空间伦理的原始形态。3开间的吉祥尺度框定是巴蜀民居尺度演变的原点。如堂屋宽度必须大于其他开间，且以“9”数为正宗。同理，3开间屋脊也须高于其他屋脊，相关柱、础、枋、挑、门等尺寸与装饰均一并纳入考虑，尤其屋顶中堆装饰，各地作法杂糅其间，但以塑造“寿”的各类符号为民居装饰最高境界。

曲尺型

木匠的曲尺相似于“「”字形，故称带一侧厢房的民居为曲尺型民居。四川真正成形制的规模化曲尺型民居少有发现。

首先面临的问题是：子女大多都要“人大分家，别财异居”，那么还建曲尺型的厢房给谁住？宁可加长一字型也不增建厢房，是四川散居少曲尺型的原因之一。

但是以广元、剑阁、旺苍为中心的川北地区，出现了一种貌似曲尺型的农村民居，本地称“尺子拐”。姑且称它准曲尺型民居。严格说来，厢房至少有了“间”才像样，而“准厢房”只有1至2间。它的特点是：在梢间或尽间正立面方向成直角伸出建房，形成一横一竖式。有伸出檐加廊柱，次间外檐廊再搭建貌似骑楼者，厢房开间的墙体以夯土、土坯为主，与穿斗木结构适成土木结合，小青瓦屋顶。

当然，在川内也分散有若干一正一厢者。其规模、形制，都没有川北大。厢房加建搭建的痕迹重，多厨房、畜圈用，不是正规的曲尺型民居。

三合院

巴蜀地区三合院的特征，第一是需要一个较宽的天井（地坝）来晾晒庄稼。处于一个多雨多阴气候的地区，庄稼收回来，必须尽快晒干入仓，一年艰辛毁于一时，往往就是没有尽快将庄稼铺开晾晒的场所。

于是横 5 间、7 间的上房，左 3 间、右 3 间的厢房广泛出现。不少人家还在下房位置加了一堵墙，为的是有一道朝门，川西叫“龙门”，一个讲究的“垂花门”。简单而论，三合院是要有围合的。它是完整安全、小康殷实的空间形象。

四川早上雾多阴天多，太阳多在中午露脸，下午日照较长。所以老农们常说：坐东北朝西南的方位，地坝可以多晒一会儿太阳，还可挡住冬天的寒风。这在风水上也是说得过去的好朝向，如果上房能高出厢房，天井矮一些，不仅排水防潮更佳，也可多晒一会太阳，更彰显了上房的神圣，还为今后加建下房，形成四合院打好基础。

有的三合院前面没有围墙，是全敞开的，这也没有错。笔者问过不少农民，大多的解释趋同：认为社会清静了，用不着围起来。还有人口增加，厢房不仅住人，什么都堆在一起，房间不够用了，加建了厢房。最有道理的解释是：围墙挡住快落山太阳，影子（阴影）遮住地坝，也影响庄稼晒干程度。把围墙拆了，地坝就可以晒到太阳落山了。这种三合院，川东叫“撮箕口”。

不少家庭儿子多，还有厨房、畜养等，都需要在厢房位置索要空间，所以，四川厢房不是留住儿子的地方。

四合院、复合型合院

四川的四合院概念，即一正两厢加下房，呈完整方正的围合状态。标准的是上、下房各 5 间，厢房各 3 间。喜欢在下房中轴间开门，不像北方，正宗四合院于东南方开门，如果要做“垂花门”，则另外在下房前再围墙开门。

复合型合院，一般认为是纵横两向把多个合院组合起来，其中以纵向为主。四川把此况概括成某家多少个院子或多少天井，如某家12个院子，某家48个天井等。复合型合院是一个组合形态奥秘的深渊。除简单的二进、三进合院之外，只要有纵横两向发生，各宅都有与众不同的说法和原因。比如大邑刘文彩庄园，其基本房舍部分就是一个曲回婉转毫无规律可寻的复合型合院。人们企图用28星宿、大熊星座格局去解释，终不得要领。事实为民国后期，刘文彩从二户农民手中买的两个四合院，以其为基础扩大组合展开。看不出有什么玄秘的道理，进去摸不着头脑便是“特色”，刘宅算是特例。

复合型合院在四川是一类个性化极强的民居品种，相信是有规律可循的。比如，清咸丰、同治年间，四川出现一次建设高潮，原因在于太平天国截断长江经济动脉，使得四川借机发展，其盐、矿、米、油、绸缎等业都得到空前繁荣。于是，此一时期的不少建筑，尤其是合院系列，一反坐北朝南方位常态，纷纷坐西向东。这种逆反阳宅风水方位之举，民间普遍认为是一种感恩之情。原因是如果没有东方北京的皇上恩赐特准，四川不可能获得这样的机会。这就是著名的“川盐济楚”在建筑上的效应，也是“紫气东来”诠释的四川版。

接着的轴线歪斜、大门超尺度做大等虚张声势等，尤其一些较大规模府第甚至庄园，连兴建的钱财都要编一套“龙门阵”：谓之天赐、刚好用完、绝无剩余……成为谎言时尚。怪不得刘致平教授疑窦丛生，一再提醒“僭纵逾制”。这又从另一个侧面反映出世道的诡谲与艰辛，又恰如此构成了川内府第、庄园，即复合型民居的一些特色。

一定意义上讲，乡土建筑核心价值，在于、与众不同之处。四合院、复合型合院个中少有变动，各有招数，理应是四川民居追求自由度的个性表现，各地逞能使性，彰显独特，是一种创造基因流露。再如川江庞大水系的滨水民居，清以来决然罕见大门朝下游案例，均斜对上游或垂直于河岸，此为社会常理深入人心，何况大宅。又如刘敦桢发现三挑出檐是成都民居特色。出檐深者可达2.4米，这是很大胆很潇洒的飘逸风范，是川人门面构造上的诙谐。至于结构上如何把梁架张扬成美学，也值得一看。一般认为四川民居只是穿斗结构，确也如此；但有的人家在过厅和堂屋则采用抬梁结构。过厅、堂屋是中轴要害，堂屋的尊严不说了。然而过厅往往作客厅之用，展示的不仅是一种宅道，更是一种美学。抬梁凝重，呈现出大气、豪迈、肃穆的技术美学，用在过厅不是炫富而是示美，这是穿斗结构不易营造的气氛。

另外，既然四川合院系列厢房除小儿子可居住外没有其他伦理意义，为什么仍有合院出现？首先中国人最高居住理想是合而有围才像家，要达成这样的境界，最佳形式便是融融乐乐的合院形态。就是小儿子外的兄长离开了，也一样要这样去表达，因为这是一个家的完整形象和概念。其次，经济能力允许。四川农业经济贫弱，要造成一个标准合院，是大多数农民不能承担的。邓小平故居仅一个很不规范的简单三合院，就经曾祖父、祖父、父亲三代人几十年分三次完成。可见，要营建一个真正有品位的四合院，是很困难的。

四合院地面标高以正房高出其他为正宗，同时又因此抬高了屋脊。究竟高出多少，民间的答复多是：凡正房高差以“9”为吉数，比如2尺9寸（近1米），1尺8寸9分（约60厘米）等。并以此和屋脊中堆里的“寿”字相呼应，里里外外营造长寿氛围，所以，以此类推过厅、下房8与6的吉数，充分说明了四川住宅营造的数字逻辑，及所包含的文化内涵。

复合型合院，不少和庄园之间在形态上有些模糊性。又不能以面积大小、多少个天井等因素划分。东汉画像砖上的庄园，面积不甚大，更没有好多天井，它是共识的庄园而不是其他。可见复合型合院是院落密集现合的一类民居。

庄 园

四川民居最拿得出手的乡土建筑。

散居极致、四川古代地标。

始终是家庭概念，而不是家族空间。

东汉庄园解析

成都牧马山出土的东汉画像砖庄园，独立、完整、形象地反映出是一个散居在成都平原的小康之家民居。距秦统一巴蜀500百年左右，当时社会相对安定，农业个体经济应有相当的发展，亦造就不少富裕殷实人家。由此可推测富饶的川南、水运交通发达的川东、与中原畅达的川北古道也应该和川西一样，有不同品位的庄园出现。

东汉牧马山庄园是一个回廊式的全天候廊子围合，中间又用廊道隔而不阻地把其断开为两部分的农家。右半是住宅区，有4柱3间抬梁结构的厅房，中间有两人正席地而坐叙谈和观赏庭院“仙鹤”（有说孔雀者）起舞。不敢断言汉代堂屋的陈设，但左右次间虽无内客唯卧室无疑。若舍去庄园其他，只留下了开间厅房，则为巴蜀散居一般人家原点性质。庄园有大门居中的居住区，大门外置栅栏，栅栏即现在川南仍存在的“门前扦子”，由浅进深的过厅形成二进式庭院。正是中原住宅性质中小户人家四川版，是秦统一巴蜀后产物。很显然，这是最多三代同堂的卧室有限人家，没有厢房供下辈结婚生子繁衍的人伦空间布置，又进一步力证了“人大分家”的四川居住习俗。

庄园另一半突出的是望楼式粮仓。粮仓高置，说明一楼两用。望楼是汉代流行中国南北的设防建筑，具瞭望、观景功能。利用它作粮仓，诚当可能。但它的豪华与优美，又有展示宅主审美和显达一面，透露出良好的经济和文化内涵，以及成都平原特定的田园风采和气候特点，还有空间认知和营建的共同基因。所以，现代成都平原农家乐处处神似东汉庄园。

粮仓下是厨房，有厨灶、案桌、水井、木架等，均是厨用不可缺少之物，特色核心在东南角位置。成都平原主要受东北、西北风影响，唯东南角的柴草秸秆烟霾避开了对全宅的污染。由此可见，庄园是继承了中原民居坐北朝南之向。

一个小康人家可以形成庄园气氛，它或显或隐的空间密码，指导我们去破解清以来的庄园。故庄园不论大小，基本形态特征已经框定，作为模式，或参照系数也便于我们学习与判断现存的庄园。

“万事不求人”的空间诠释

过去，中国社会事事得求人，要尽可能做到“万事不求人”，自然需要一定的权财基础及人脉。作为选址农村的庄园单体，那是必须考虑的。

四川庄园选址在农村，是为了便于管理自己的田亩。据查也有委托机构，富顺县就有专门的“田亩管理所”，但不负责收租。不一定庄园都在生产粮食的平坝丘陵，恰有大部分在深山老林、人烟稀少的隐秘之境。清代庄园现存较多，因此有人怀疑与反清啸聚有关，或修建庄园的钱财来路不正，因为部分庄园主不与农业有关，像是外来客的隐居之所。大致梳理下来有高人、政客、学士等，不少人标榜不是本地人。

选址的安全性为万事之首。依赖风水设防更多只是精神威慑，实实在在谋筹长期优质生存下去，物质和精神需周全。所以，要有严密的围合以及退路。如果被包围久而不撤咋办？因此，敌情观察、粮食及加工、水源保证、柴草储备等都需深层予以考虑。

庄园也不是面面俱到的空间，根据当时、当地、当事具体情况总有出入增减，通盘平衡下来，从空间角度而言，产生一些形态上的模糊性，即功能完整性受到影响。最大模糊性在于和大型复合型合院的区别。区别又表现在各功能空间的有无及多少上。大型合院以纯居住为主，以住宅外墙兼作围合或夯土薄墙，尤其没有碉楼类设防空间，甚至没有粮食加工、仓库、马厩、作坊等。恰有的复合型合院有一些这样的空间，但又没有坚实的围合，我们或称之为准庄园。

四川有不少山寨，是一种防御为主的大部建在山顶的建筑群。有些貌似庄园，如武胜宝箴寨、隆昌云顶寨。它们都有坚实、高大、完整的城墙式围合。它和庄园最大区别是不常住人，只是战乱匪患来临暂避一时之所。但一些庄园借鉴了山寨的围合形式及做法，如屏山龙氏山庄，之所以叫山庄，是因为有山寨和庄园相互渗透的内涵和空间构成。

“万事不求人”是有限的空间追求口号和愿望，实际上是不可能做到万事不求人的。下面，我们从庄园空间构成的部分要素中逐一加以解剖，它们是风水、中轴线、围合、交通、结构、教育、娱乐、祠庙、作坊、闺阁、装饰、桅杆等。

风　水

四川人口集中的盆地内，主要是丘陵，其间溪流江河纵横，构成了风水相对绝好的天然资源。加之又遇上江南各省讲究风水的移民，“易学在蜀”的历史文化社会铺垫，于是清代四川形成了做建筑普遍讲风水的风气。风水术在四川的演绎丰富多彩，变化多端，自然也就反映到庄园选址上。

比如温江陈家桅杆庄园、郫县（现郫都区）安靖邓翰林庄园一反坐北朝南方位，改为坐西向东。成都平原历来视西来岷江诸支流为上风上水，如果住宅面迎风水五行中“水”的正道，必然是坐东向西。此一举，恰住宅背对将恩赐功名于己的东方北京的皇上，这是很忌讳的。更忌讳的是，若换成坐西向东，成都东向一带自古又是坟场，如明代官员都埋在那里，同时岷江诸流直冲住宅之后。两相比较，取坐西向东为万全之策。自然，所谓正宗的中原坐北朝南方位风水选址术也就不存在了。这种自圆其说的乡土风水正是刘致平教授指出的“僭纵逾制”的又一范例，它的影响基本覆盖成都平原豪宅。不过，又涉及“川盐、川米济楚”的原因。豪宅主们因此获利，全仰仗东方的皇上政策。所以有钱修房子，有钱捐官，在清咸丰、同治或稍后时期出现“坐西朝东”现象，大部分豪宅也有此原因。所以“紫气东来”一词也就处处皆是了。

再举几个风水选址自作主张之例。江津风场会龙庄、塘河石龙门庄园，均有一个“龙”字冠名，意即宅主自以为有龙的属相，是龙的传人。那么，其庄园就应该是龙窟、龙的归宿之所。因而地形地貌的选址上就应该有一“窝”的形状，即民间说的“燕窝形”“椅子形”。这种地形往往只有山而无水，又地处深山生活不甚方便。所以，土豪们不顾大道风水中的诸般要义，尤其不顾宅前必有水的弯月形绕流环护形态，食用水也只有打井了，更没有正前方低于宅后祖山的朝案之山了。如此顾此失彼，缺这缺那，要件不完备者理应占庄园选址的大多数。再如仪陇丁旅长山庄，有祖山曰“官帽山”，其貌极似清官员花翎顶戴，极佳的祖山形象。又有一定的山脉走向延伸，可称龙脉。可惜左青龙、右白虎山峦缺位。

真正完美的庄园山水风水格局者，是罕见的，包括笔者调研的一百多例四川近现代名人故居风水，总少一些要件来附会其说。不过，四季常绿、温润秀丽的四川盆地，也总有一些生态良好的自然风貌引人联想。于是，颇具四川乡土特色的拜物教原始情调开始泛起，以弥补风水选址的不足。比如：住宅前后一定距离有大树，或有意栽培或天生有树，但必须和中轴线对直。大树意味着树大根深，枝多叶茂，子孙繁多，家族兴旺。如井研千佛雷畅庄园、达县罗江张爱萍故居，一后一前有大黄葛树一株；又如宅前中远距离，有泛发白色悬崖绝壁山脉逶迤婉转，绵延横卧；还有宅前笔架山、官轿山、玉带河、锦屏峯，等等。这是自然崇拜与人文崇拜的结合，是中国人将生态保护反映在住宅环境上的愿景。

最后，又回到前述成都平原，它西部有龙门山脉与邛崃山脉，东部则有龙泉山脉。西东相距约80千米，西山远高于东山，若平原住宅坐西向东，正是祖山高于案山、朝山之貌。且西山山脉重峦叠嶂的无限延展，其博大深邃亦是龙脉宏巨景象。故平原可以作为两山脉之间明堂解读。名堂跑万马，也正是给人驰骋想象力的良好居住场所。再加上密如蛛网的河流，均是风水择地可组装的构成要件，是成都平原清代住宅几乎众向一致，普遍纳入方位依据的理由，即坐西向东。

建筑大师、西南建筑设计研究院原总建筑师徐尚志先生的著名理论“此时、此地、此事”说，讲的就是不能脱离实际看问题。成都平原乡土风水，自成系统拿选址方位开头，再加上感恩于东方的皇上，仅住宅方位一事，足可推测一个地区的文化城府。

中轴线

四川中轴线概念原本为祖堂与大门相值有一条虚拟线，为一宅之神圣。但不少庄园或大宅在宅前的围合中，不顾原大门位置而再开一道门成为头道朝门，原大门成为二道朝门，这往往与祖堂形成角度而导致轴线偏斜。也有在二进、三进等多进的主宅中，有意让轴线偏斜。偏斜来自事前的设计，一时间成为清末四川大宅的一种时尚。

时尚的第一要义是风水，谓之避冲煞。据说垂直直通的，毫无阻拦的视觉通道有冒犯祖堂香火神圣的忌讳。第二是防跑财。空间顺畅无阻会让钱财流走，唯多进庭院形成错落，才会层层截住财喜。第三是护女眷、防盗匪。从大门一眼望到底的轴线空间，对女眷安全不利，同时又给匪盗带来窥探机会。如果还不放心，再向大门内专设屏门、屏风，亦绘制神兽以吓退诸怪。

中轴线是复合型合院主宅（带祖堂香火之宅）庄园主宅的中枢神经、住宅脊梁。无论纵横两向多进合院有多少条长长短短的轴线形成网络，只要中轴线存在，空间就不会散乱、错乱，即是偏斜也无妨。反正，若要空间变得迷离，则首先取消中轴线，让人进去摸不着头脑，找不到南北。请注意，这句话的原始意义就是找不到中轴线。比如洪雅柳江曾家花园“寿”

字形平面格局、刘文彩庄园旧宅改造扩大等做法。恰如上述，进得园中一派茫然。当然，这又是川味浓烈的一类空间特色，亦最终构成特例，烘托了极个性化的地域乡土建筑文化气氛和色彩。

中轴线是住宅空间的原点，也是住宅的结局。从单开间到大型庄园，多数遵循建房的起点和依据、次序和逻辑、出处和由来。比如改南北向为东西向的中轴方位颠覆性变动，恐怕在国内罕见二例。但把皇帝抬出来，说他支持了四川经济，为感恩而变动轴线，又有谁敢多言呢？“挟天子以令诸侯”反映在住宅上，中轴线上，正是僭纵逾制最大怪招，一定程度反映“天高皇帝远”的四川世风：做事有据、自圆其说。反驳者无从说起，实施者稳操胜券，此正是住宅文化深邃之处在区域性的表现。

围 合

凡庄园，一定要有围合，围合有多种情况。

条石厚墙型加四角碉楼围合：墙高 3 ～ 5 米，厚（宽）2 米。墙上全覆盖小青瓦廊棚，全天候城墙式。廊子从碉楼中穿过，墙体外侧上部设垛子。人可以在墙上逡巡，如屏山龙氏山庄等。

条石夯土，薄墙型加四角碉楼围合：墙高 3 ～ 4.5 米，厚 0.5 ～ 0.8 米。脊上覆盖小青瓦或素筒瓦、石板瓦或片砖瓦。墙体和碉楼接头处错开、内宽外窄，以免挡住碉楼视线影响射击。碉楼设门单独进出，但四个碉楼是一个整体，相互没有观察死角，如武隆刘汉农庄园。

砖石结构墙体加四角条石碉楼再加地下通道围合：墙高 4 ～ 8 米。墙体每隔 4 米有砖柱。碉楼高 20 米，地道有门和碉楼相通，也有通向田野的密道和出口，如泸县屈式庄园。

砖石结构墙体加四角四个近代平顶碉楼围合：墙内侧贴墙围建一圈连续拱廊式骑楼，亦与碉楼衔接，是川内庄园近代建筑特色最突出者，如泸县屈炳星庄园。

多层墙体设防围合：夯土墙三层，每层相距约3～5米，墙厚约0.5米。呈半圆形，围建在庄园后山地上，前有悬崖天然屏障，如江津石龙门庄园。

悬岩加条石厚墙围合：四分之一临深渊，约四分之三构成条石垒砌加碉楼。墙上可以巡逻，是利用天然地形设防的一种案例，如江津会龙庄。

还有一种是把四角碉楼变成长方形悬山式住宅貌，墙上设枪眼、投掷孔，以化解碉楼的硝烟味，然后夯土墙围合。大门前再添置木制栅栏，楹联左书“德门瑞雪书香远”，右书“兰砌春深雨露多”，传导的是文攻武卫的儒风。

牧马山庄园木回廊围合，是所知庄园围合始祖，通透、疏朗，兼交通环线。除廊道木结构之外，围合的实墙部分尚不能确定材质。无疑，它们影响了四川民居两千年的设防工程。

当然四川庄园设防，也全面吸收了历代民居设防的优点。从冷兵器时代的投掷、弓弩到后来的民国现代兵器防范，均在建筑设防设计上做了深入的研究和实践。比如整体设防，庄园用地一般大致方形，四角设碉楼，与中心点半径大致相等，敌情发生可同时间进入碉楼，无时间上的薄弱环节。还有围合内墙面与内部建筑分开，形成无障碍环护通道。若全天候，则覆盖成隐廊。

碉楼是围合的高潮节奏、节点，有自身的空间特点，亦形成体系。它除了和墙体形成结合之外，在单独的存在中更散见于诸多场合与空间，比如场镇碉楼、民居碉楼、关隘碉楼等。庄园碉楼特点是和围合的墙体有机地串联一起，不是单独存在的设防体，但就个体而言，其结构、材质、设防构造等空间要素是没有本质区别的。

庄园碉楼是庄园的制高点，低矮者3层、最高者7层。绝大多数在太平时辰，利用其高度可瞭望观景、打牌赌博、读书针织、种子储藏。也有考虑长围不撤的设施：底层有厨房、水井、厕所、通向田野的地道口。个别乐天派会在顶层划一半作戏楼，以独享曲艺、折子戏。总之，宅主各有所爱，是围合特色与不同之处。

交 通

无疑，无论什么样的庄园，中轴线是主干道，总节点在堂屋前。有的怕客人多，接待不了，空间有限，便在堂屋前天井加盖抱厅，这在川南比较流行。无论中轴串联的是几进合院，祖堂必是最高处，大门总是标高最低点，相反者少见。就是平原，高一步20厘米的石阶，或在堂屋前形成一个有坡度斜面的旱桥，也毫不含糊地完成庄园道路最基本的使命：以祖堂为尊，以北为尊，以高为尊。中轴道路由低到高、心态亦随之涨高。这是道路融入文化的绝妙，四川似乎没有更多招数。

但大门进入的方位变数却令人耳目一新。众所周知，庄园有多种方位从正立面进入，或轴线处逢中正南开门，或学北方于偏东南向开门，或如牧马山画像庄园偏西南向开门。恰东南向、西南向开门者在现存的庄园中少见，轴线上开门者不少。这就出现了一个问题，庄园大门内侧往往是戏楼，由于进门后要从低矮昏暗的戏楼下穿过，大有委屈的胯下之入感，似有给人下马威之势，进门之后，家人客人都不愉快。于是出现了庄园左、右前侧方开门的变动，尤其右前侧即西南方开门的实例，涪陵陈万宝庄园即是。这就在交通的第一关上给人委婉亲和之感以让人接纳，尤显祥瑞。

庄园多进合院中轴线道路需穿过天井。晴天尚可，雨天，在轴线两侧的厢房前设檐廊或长出檐形成全天候过道。特色在檐廊，进深长者可达4米甚至更多。红白喜事在作为道路的廊道上举办盛宴的壮观景象，正是物尽其用的又一例证。

实际上，好多庄园不以天井当路，致使其长满青苔，原因恐怕又与设屏风有关：大门进来屏门不常打开，叫人左右分流进入厢房前的廊道。这种绕行术，可能影响社会深层结构——人心。绕行至过厅又有屏风，反正不让人一眼望到底，以强化祖堂的神秘。

中轴线道路是主干道，上面分布通往横向空间若干节点，虽然也是路，形象却是厅、堂、天井、巷、门。横向的平顺是由纵向的坎坷承担的。所以，纵向是深度、高度，横向是宽度。由此构成的道路网络，才能稳定家庭的生存常态。这便是空间文化的魅力和约束力，以及传承的张力。

结 构

四川乡土建筑木结构系统，大部都用穿逗结构。恰这个“逗”字，当今有的建筑人士、媒体人士都改用“斗”字，川渝两位建筑大师徐尚志和唐扑先生，一生都用逗字。“逗”是四川方言中的一个动词，表达的是构件之间的咬合方式、动作，它逐渐转换成一个名词，一个乡土建筑结构名称。徐、唐两位先生，在教学与生活实践中遍用此词，理当是经过时间考验和严密考证。此类结构在巴蜀地区最普遍，采用“逗”的发音和书写更具地方色彩，更具有针对性和生动性，更能使人发挥对事物的空间想象力。

还有四川民居庄园，山墙一侧，往往要用片砖空斗墙，卵石、条石、夯土、土坯墙，构成一些形状各异之墙，其中以圆弧形“猫拱背”“翘宝银子”形，与“三山式”“五山式”的平直墙脊者为多。恰此，圆弧、平直的造型，前者寓比风水五行中之“水”或“金”，后者为“土”与“火”在山墙形象上的塑造。“水”与“金”即钱与财，所以庄园合院建筑下房山墙面（尤其街道民居下房临街铺面山墙），几乎均是圆弧形风火山墙。而中厅、正房山墙则多“三山式”“五山式”风火山墙，此说的风火山墙不仅有防火防盗的“封墙”作用，还有风水含意。有人如今把“风”改成“封”，曰“封火山墙”，这就只有单纯的物质意义了，山墙也用不着搞什么圆与直的造型，如此也就是一堆建筑材料了。当然，风火山墙还有匡护内部木结构等作用，然而风水对于建筑的干预已盛行千年，事实是不容曲解的，尊重不等于提倡。

不少人一见到各式风火山墙就说是“徽派建筑”。其实，四川民居是南北风格的混合体，也是中原建筑文化区域化载体，就像语言一样。四川是一个移民社会，清以来移民又多是闽、粤、赣、湘、鄂等省之人。他们把建筑文化中大同小异的局部构造带来四川，亦经300年融合，产生融会过程中的文化现象。所以，四川民居还没有定型，清代300年不可能创造一种个性特异的大区域文化。时间太短，它还在发展之中，还没有出现像土楼、窟洞等个性张扬的形态。虽然庄园有点味道了，但它没有普遍性。综上，尤其“湖广填四川”中安徽移民极少，所以应该不会影响到风火山墙这样的细节。

学　堂

祠堂门厅左右侧各有一间学堂，称西塾、东塾。庄园多数把私塾即学堂安在大门进去左右侧。据说，小孩子喜吵闹，过去读书是高声唱读，把他们安排离祖堂、居住区的上房远一点，图的是清静，也方便外面其他的孩子上学。四川地区三代同堂多，读书孩子却不多，有虚设学堂、有空间无先生、学生的现象。

温江陈家桅杆庄园学堂设在大门进去右侧，有一室外空坝子权当课外活动操场。教室内光线昏暗，墙用砖砌，仅漏花墙作窗，透进来的光线微弱，构成教室冷浸气氛。景象使人想起鲁迅百草园与三味书屋的明朗，我去过那里，感到四川和江浙是有差别的。

尤令人不解的是，竟然把道教思想和学堂连在一起。一个小天井贯通学堂，天井一堵墙正对教室，上面阴刻打油诗一首：“春花开得早，夏蝉枝头噪，黄叶飘飘秋来了，白雪纷纷冬又到，叹人生容易老，不如早清闲乐逍遥，虽不能成仙了道，亦不至混俗滔滔。”此几乎等于学堂的校训，可能正是当时流行的人生思潮，或川西奢逸之风的社会反映。

和学堂比较，娱乐空间就豪华多了，一砖石雕花照壁和花厅灰空间形成夹天井于其中的轴线，背景正是假山、水池、亭廊、水榭……尤其围绕水池一圈的廊榭与花厅相接，显得风雅而浪漫……此处作为学堂，孩子们读书的环境多好，也给了大人们逍遥。拿今日一些学校与公园会所相比，不正是上述的延伸吗？

更多的庄园不重视学堂的专用空间，有摆在堂屋的、过厅的，有临时放在廊道上的，有设在偏僻的小天井的。总之，有祠堂私塾、场镇学堂可选择，庄园内的教学设施就懈怠了。相反，多数庄园很重视娱乐，普遍都有戏楼之类。当然，本质上是因为四川散居造成的家庭单位较小，人口被约束在三代同堂的小范围内，子女总体不多，读书无用论根深蒂固，所以，庄园里的学堂空间是大多被忽视了。

与此同类的书房书斋空间，多设在宅主卧室内或娱乐空间旁，如江安黄氏庄园设在水池旁，温江陈家桅杆与娱乐空间公用，少见单独的、品味高的、装饰典雅的真迹。也许，我们这代人调研时它就已经消失、面目全非了。

娱　乐

清代是川剧、曲艺、地方杂剧的高潮时期，普及程度之高，令今人难以想象，因此，衍生了千千万万的演出场合和空间。首先是戏台、戏楼，里面又有演全戏或者演折子戏及艺曲的区别，后者就用不着大进深尺度，因为不演全武行戏。再则，又分公共场合、私家住宅。总体而言，宫观寺庙、场镇街道里的戏楼多于私家住宅，但演折子戏，曲艺的楼、台、厅、道则私家多于公家，原因在实际需要用地。所以，有的私家戏楼，戏台只有 2 米左右进深，小巧而优美。公私两家一起算，清代戏楼不下万数，其中，庄园戏楼就太微不足道了，但庄园必设演戏场合。大部分戏楼设于大门内测中轴下方端点，面对祖堂，有天井、过厅等空间权当观众席位处。若没有戏楼，也可在厅堂、廊道等处演折子戏或曲艺。乡间生活冷清寂寥，有戏可演可娱乐人生，亦可和谐乡里。

梳理下来，庄园演戏场合特色在“怪”字，可分为各色人等分开看、碉楼上下均可看、廊道花厅照常看、不是戏楼一样看等。

各色人等分开看：庄园里有男有女、外来宾朋，如果都一起在黑灯瞎火中看戏，随着剧情变化，情绪亦随之起伏，万一情不自禁出点什么差错，就有伤大雅。干脆分开看，分开建戏楼、戏台，免得节外生枝。洪雅曾家花园建了两个戏楼、一个戏台，主人、宾朋、佣工分开，各看一台。

碉楼上下均可看：不仅太平岁月要看戏，兵荒马乱时期也要看戏。兵荒马乱时期如何看？如果兵匪就在附近，骚扰也就瞬间至。泸县屈氏庄园把戏楼贴紧碉楼建，亦将演戏院落围合独立成体系，形成庄园内的园中园。更精彩是，万一兵匪打起来了，戏瘾仍浓咋办？那就直接搬上碉楼继续演。为了适应此局面，川人也就把碉楼顶建成戏台模样，还留了一半作看戏用。

廊道花厅照样看：看折子戏、听曲艺，动作不大、人物不多，庄园内适中地方演出即可。如江安黄氏庄园在廊道上抬高几步石阶，即强调了功能，形成一个十多平方米的台面，平时作交通过道，有戏演时作戏台，一廊多用。又如温江陈家桅杆无戏楼，演戏在有花厅的一座附属院落中，小中轴线上的花厅呈半封闭状态，有戏全可用上，无戏作待客闲玩之所。背景门窗是活动的，打开就是花园水池、假山，刚好作吹拉弹唱的底景，十分巧妙。

不是戏楼一样看：无论公私戏楼，总得有个形象风貌，即多歇山顶，戏台凸出，加大进深，有台唇且雕刻戏剧人物，还必须在大门中轴线内侧上空等。恰川中不少在庄园、府邸的同一位置不做装饰，什么都与左右房间一样，只是开间尺度大一些，一般看不出有特殊用场。但平常空留不用，有戏则可以照演不误，如江津会龙庄。

四川清代戏楼万数之巨，实在千奇百怪，五彩缤纷。从数量和质量的辩证关系而言，个中熠灿者不是小数。这是一笔非常宝贵的空间、文化、戏剧智慧财富。庄园戏楼只是其中小菜一碟，不足挂齿。

寺观与祠堂

既然庄园宗旨是万事不求人，那么要不要在庄园内建寺庙、道观之类，以满足宗教信仰之需？事实表明，没有发现这样的专用空间。尽管温江陈家桅杆庄园在祖堂后设佛祖堂，在学堂天井墙上留道家思想题词，却不能代表佛、道二教已经进入庄园，何况上述是两回事。关键问题是传教布道的和尚、道人没有到位，就不算真正的寺庙、道观。何况，要把公共建筑私家空间化，将带来很多的问题。

而祠堂进入庄园，复合庭院则是顺理成章的。四川汉族地区虽然没有自然聚落，无法在聚落中找到它的踪影，但它可以选择以下几种方式建祠堂：

- 同姓同宗散居比较密集的地区可以找适中地方选址建祠堂：如云阳里市乡彭家祠堂。
- 在附近场镇上建祠堂：如江北隆兴场刘家祠堂、明氏祠堂、包氏祠堂。
- 建在城市里坊街道之中：如成都青龙街邱家祠堂、薛家祠堂等。
- 把祠堂建在家宅内、家宅旁，但多家祠、支祠、宗祠、总祠少见，如温江陈家桅杆庄园家祠等。

陈氏家祠设计很有特色且具有代表性：家祠安排在庄园左侧中部，和学堂一墙之隔，有门相通。显然，是把家塾教育与祠堂空间连通在一起了，其意在教育子孙不要数典忘宗。

陈氏家祠占地80平方米左右，中分南北两块用地，由此开门进入水池，有石砌奈何桥跨水面，桥上覆盖青瓦小廊棚，桥加石栏杆并设望柱。门口有楹联“圣往未酬忠务尽，光灵欲妥孝当思”，忠孝两全也。过了桥是拜殿、寝殿合一空间。祖宗牌位墙中部为毫无装饰的素墙，左侧却有阴石板文字镶嵌于墙中，说的是陈氏宅主从山县到温江的过程，意为祠堂开山之祖，是家祠而不是支祠，更不是宗祠。另一面，宅主坦然于祠堂中交代自己的来龙去脉，尤可见建宅钱财和功名的来路正当。不像有的庄园，编一大套“龙门阵”[注]愚弄乡里。这就把祠堂内涵推上了更深的层次，尤其

龙门阵：本意指古代战争中唐代薛仁贵所创阵法；现一般指川渝一带方言，有聊天、闲谈的意思。

是移民的外来户，以及四川内部二次、三次、多次移民户。

祠堂设在家中，正是散居个别人家的一种空间选择。这种空间是多种多样的：仁寿文宫、石鲁（画坛巨匠冯亚珩）家族冯氏宗祠设在庄园附近街上，三叔冯子舟在宅旁，占地不多，拜殿，寝殿合一。

从大门进来的上空，有进深仅 2 米的小巧戏楼一座。祠堂左右处墙各镌刻家训、家规多则。金堂五凤溪哲学家贺麟支祠，另辟和住宅合院同等大小的院落，堂居间改为奉祀祖先牌位的寝殿，以区别旁边院落的“天地君亲师”香火堂屋。井研雷畅庄园，也单独把雷家祠堂修在附近，相邻相依，便于族人祭拜。祠堂为二层砖木结构四合院，大门进来上空为戏楼，形态不做专门修饰，和左右间容貌一致。实则就是一座四合院。但是，正立面全为砖砌，装饰灿烂，有光照四射的辉煌感。和内部清素、泛旧的木结构比较，反差太大，也带来不同的评价。

作　坊

四川对粮食、蔬菜、肉类的加工理应始于家庭，如邓小平故居上房左尽间转角房，又称粉房，内置石磨、厨灶等设施，显然是加工粮食的作坊。

成都牧马山东汉画像砖庄园图像中，高高的粮仓下面，有水井、厨灶、木架……很可能就是兼作厨房的作坊。尤其是高木架，从其他汉画像砖庄园像可知，有可能是高吊牲畜、解剖牲畜、加工肉食的设备。

作坊在庄园、大户人家是必备的，而且有专用空间，比如加工稻谷的，呈圆形碾槽的，有单石碾、双石碾的碾坊。它们的动力有利用水力傍河而建或引水进房冲动水车，从而带动石碾子转动者。更多的是利用牛马牲畜拉动石碾加工稻谷脱壳。如果再深加工其他品种，诸如麦子、豆类、油菜籽、药材等，那么就会同时延伸出面房、粉房、榨油房、蚊烟包装房等，于是作坊、建筑就出现了。

由于作坊有烟火、有噪音、有粉尘、有不一样的气味等不便之处，一般都安排在庄园偏角之处，如酉阳赵世炎故居碾坊。尤其避开居住区风向，用水方便的方位。当然，一切视具体情况而定，原则是安全、方便、无污染，如陈毅故居碾坊就设在院子里面。

从绘画美学角度审视作坊，无疑作坊的简单粗犷构架、不规范的搭建恰恰生动的构图。有的材料初加工的原始色彩充满生活气息的田园情调，弥漫着浓郁的乡土气息。在和严谨、规整的住宅对比中，显得很自由很放松。诸如偏厦一般的碾坊、染房上空挂满黑蓝二色染后待干的布料及晾架，以至生活必需的酱园房，里面有泡菜、干咸菜、豆瓣酱甚至鱼肉加工品等。它们的建筑说不上设计，表现的只是一种空间性质的生活场景，一种建材的就地取材。

闺 阁

闺阁之谓，当然是尚未嫁出去的姑娘起卧之楼阁，楼阁有楼，闺房不一定有楼，有楼的俗称小姐楼、绣楼。一般2层，摆在庄园内什么位置，没有找到说法。现状没有规律性，多在合院四角，视觉容易观察到的地方。

为什么稍有条件者就要为家中姑娘专设用房？这原因一是父母的疼爱，二则是对女儿行动的控制，为的是在女儿嫁出之前给她一段宝贵的人生记忆，同时享受别人没有的奢侈空间。所以说，中国社会，男尊女卑的观点不一定全对，有空间作证。

闺阁因为有楼，屋顶独立高耸于其他，悬山、硬山、攒尖、歇山等形式都有。面积都不大，但一般都窗明几净、清爽利落，里里外外别有风采，是呆板四合院中亮点。尤其与碉楼、书楼等院内高耸物形态有别，尤显得抢眼，一眼便知。而且，庄园、合院千千，没有一处雷同。物体虽小，蕴含民间巨匠独立思维与手法，有无限妙趣也。

然而，楼房空间毕竟有限，加上有的家庭多女儿，于是出现了没有楼的闺房，尤其是成单元性质的四合院或有围合的园中园。共同点是空间独立但又和主宅联系一起，结构相依，梁架相通。没有太出格的形态，却也一眼便知。

江津石龙门庄园，把闺阁放在庄园左前角凸出处，呈“E”字型平面，山墙临岩，有悬廊破山墙而出，可眺望山野峰峦。有门自主宅进来形成围合，相对独立于庄园。建筑砖木结构挺拔硬朗，装饰多于主宅，整体文化气氛大大优于住宅。据说，有主人的多重思考：待女儿嫁出去之后，改作书房。此闺房属园中园，虽然偏了一些，但空间与住宅没有隔断，只是围合更严密。

温江陈家桅杆庄园，把闺房放在正房左侧檐廊尽头处：进门是小天井，有一正一厢式小开间房间围合。其他两侧是正房山墙和隔墙。于是，貌似四合院的独立形态形成。其实闺房，这种小尺度、小开间用房，是为闺女们量身而作，是一种在家庭短暂时间的空间化，但绝不因此马虎了事。从方方面面都考虑到了她们的安全、方便、舒适。建筑虽然是小青瓦、竹编夹泥墙，但开窗较大，还有吊柱、撑拱之类装饰。凡工艺一切皆高于标准要求。宁静素雅，很符合姑娘身份和气质。

当然，庄园不少没有小姐楼，在某庄园我问过一老人是何原因，老人很不理解地说：“尽是儿（都是儿子），没有女儿。”

装 饰

对府第、庄园而言，装饰是依附建筑上的文化，它无孔不入，布满屋顶、屋身、屋基。但万变不离其宗，以吉祥为宗旨，以“福、禄、寿”为表现主项，以“喜”为补充，内容涉及寓言吉祥的动物、植物、器物等。

林徽因最推崇屋顶：“屋顶部分，在外形上，三者之中（指台基、屋身、屋顶——笔者注）最庄严美丽，迥然殊异于他系建筑，为中国建筑博得最大荣誉的，自是屋顶部分。”

四川建筑学泰斗，徐尚志[注]大师认为四川民居屋顶有飘逸的美学特

徐尚志（1915—2007），已故高级建筑师，著名建筑学家、西南交大建筑系教授，著有《意匠集》等著作。

征。这就是屋顶装饰的哲学铺垫，即它是神圣的，不可亵渎的，同时它又是多变的、轻盈美丽的。如果我们要在上面做装饰，只能是歌颂、赞美、祈祷、锦上添花。说到底，宅主今生今世荣华富贵的得来，全仰仗祖辈及父母的福祉恩赐、国家的提携培养，因此有对长寿的期望，简言之，就是“福、禄、寿”三字含义，即覆盖了所谓的“家国情怀”。把它连贯地表达在屋顶上，是过去时代一切既得利益者、憧憬美好者必须高度遵循的。四川民居，尤其庄园不能例外。如果说有何特色，也就是技术层面上的夸张。从大量清末外国人拍摄的照片和笔者的考察中，我们看到脊饰的辉煌，看到正脊瓦饰与灰塑有序堆积的灿烂，但内容大致相同，即“福、禄、寿”三字所饱含的方面。

四川庄园主宅多二进式，恰好有能表现“福、禄、寿”的绝妙屋顶，下房脊中堆塑“福”字，中房（过厅）脊上堆塑“禄”字，正房（上房）中堆塑“寿”字，几乎都用小青瓦作一条脊的各式图案。“福、禄、寿”三字或用碎瓷，或用灰塑构成凸出字型，镶嵌于象征三字的物象图案上，比如福与佛手瓜相配，禄于葫芦相配，寿与桃相配等，皆取其谐音和寓含的意义。所用的黏合剂，多用石灰糯米浆，它比较轻质，堆砌在脊上，对大梁形成的压力较小。选择大梁时也应充分考虑材质，何况大梁在室内还要装饰。比如在中部彩绘太极八卦，寓意建筑阴阳平衡的稳定安全，有的还写上上梁时的年、月、日及设计施工匠人名字者等。

笔者于20世纪70年代在酉阳龚滩曾会见一80岁的雕花木匠，也可称小木作木匠，他说：“该怎样就是怎样，福、禄、寿三字不能秩序搞乱了，下面（指屋身）根据上面（指屋顶）来，很清楚，屋身的装饰内容必须和屋顶‘福、禄、寿’的内容保持一致，否则会出大错。”也就是说，建筑各部装饰是有归属和规律的，涉及梁、柱、础、挑、枋、撑，均各有自己相对稳定的表现范围和内容，具体就是下房（下厅）对“福”，中房（过厅）对“禄”，上房（堂屋）对“寿”。这些屋顶部分必须对位构思、制作，在利用动物、植物、器物等领域寻觅吉祥对位形象，它们是：

动物：蝙蝠、鹿、鹤、龟、喜鹊、狮、虎、马、牛、猴、蟾、兔、鸡等。

器物：如意、铜钱、元宝、毛笔、冠、磬、戟、花瓶、百结、绣球、房屋及寺庙模型。

植物：牡丹、桃、佛手、石榴、莲花、梅、兰、竹、菊、灵芝、瓜、葫芦、桂、百合、萱草、万年青等。

瑞祥类：龙、凤凰、麒麟、吼天狗等。

神仙：寿星、八仙和钟馗等。

符号：万、寿、福、禄、双喜、方胜、太极、八卦。

然而，大门是相对独立的部分，常言说川人爱门面，住宅首先是门。不少人家即使不是官员也要放大尺寸做一个气派的官式大门，更不用说庄园府第了。临江河溪流的人家尤喜做八字门。其实八字门源自半边八字斜开门，原因在一个财字，水同金，把门斜开对着上游，钱财如水被挡截流入宅中。但半边八字不好看不说，还损失了一半钱财。于是才有了万无一失的八字双斜开门，“八”又谐“发”音，两全其美了。

把门斜开，又八字门等，刘致平认为，还是“僭纵逾制”。当然不仅如此，可能还是与“天高皇帝远”，相对独立的地理、人文环境有关。

大门的功能首先是保证安全，要调动能制服妖魔鬼怪的神和兽与其战斗，它的装饰第一是门神，四川梁平、绵阳、夹江等地的年画，里面所绘的秦叔宝、尉迟恭两将至少把守四川各家大门几百年；还有泰山石敢当、吞口、镇宅石、石狮之类，至今仍保留的只有春联之类的桃符了。

最后还有一个“喜”字，往往是“福、禄、寿、喜”不可缺失，或作为传统住宅过分严肃的调剂。但“喜”的和住宅求静的境界冲突。所以，府第、庄园多把关于“喜”的空间，诸如园林、花厅、戏台、亭榭等放在边缘地方，不过装饰内容区别就大了。四川“喜”的特色表现为川戏折子戏、民间谐说等方面，如三英战吕布、桃园三结义、喜鹊闹梅、狮子滚绣球之类。

总体上材质与形式，无非砖雕、木刻、石刻、灰塑、彩绘几大项，尤砖雕、木刻、石刻有专门的作坊、门市。灰塑、彩绘有市场，建筑装饰市场相当发达，甚至于有专做草房装饰的盖匠，其屋顶、屋脊、檐口装饰就用草作，堪称一绝。当然，庄园很少有草房的。

桅杆

有的府第、庄园大门前，或阴宅前，一直到民国年间都还保留石制的华表。四川俗称“桅杆”，因其貌似帆船桅杆。目前保存完好者只有郫县（现为成都郫都区）安靖的邓翰林桅杆了。

桅杆立于清道光丙午年（1846），红砂石制，为单斗双桅杆，比例尺度非常大气又不乏精美，至今未风化，是正宗的清翰林层级功名象征，类似于胸前勋章。但又出现这样一些问题：是所有文武百官、功成名就者宅前都要建桅杆吗？分不分级别？桅杆高低、粗细，花纹图案、材质等怎样确定？大门前的点位怎么表达认定？遇到这样的问题，一片迷茫，于是对尚存的桅杆进行实测是解决部分问题的办法，郫县邓家桅杆概况如下：

庄园大门中心点到两桅杆之间中心点　6 丈——开门顺

庄园大门中心点到两桅杆基座边缘点　8 丈——出门发

两桅杆之间距离　9 丈——保永久

桅杆通高　4.8 丈——世代发

以上出现的一组数字和谐音及期盼，基本上涵括了清以来川中住宅包括庄园常用的尺度，即以 6、8、9 作尾数。而严密者又把此数和“福、禄、寿”所据的空间相联系：比如大门（福）宽尺寸 1 丈零 6 寸，中厅门（禄）1 丈零 8 寸，堂屋门（寿）1 丈 4 尺 9 寸等，甚至有的把各开间也纳入一起，注入 6、8、9 尾数。

桅杆表达的尺寸是一组整数，并构成一宅大门吉祥数字文化，可见当时“6、8、9”三数在空间营造上的非凡作用。笔者在上千例各式乡土建筑调研中屡试不爽，亦可见迷信的魔力和穷困社会的无奈。

至于在阴宅前立桅杆，也是清代的普遍现象，有把生前的庄园缩小成石雕想带去阴间的，也有想在阴间去获取功名的，等等。都是民间谐说，不要当真。

关于聚落

概 说

2015年春节期间，中央电视台播出百集（实际只播出50多集）《记住乡愁》电视片。空间核心内容就是聚落，即村落、村庄，里面涉及四川（川渝分家前）汉族聚居区内的“传统聚落”有两例：一是现重庆市江津中山镇，二是四川省绵竹年画村。前者属典型的清代四川带状形滨水场镇，原名“三合场”；后者是“5·12”汶川大地震灾后重建集中居住村，与血缘关系无关之例。两者都不是传统的自然村落。这不能怪中央电视台，因为四川汉族地区没有类似全国其他地区的村落，而只有场镇聚落。

传统自然聚落是以一族或多族血缘关系为纽带的空间组合。场镇聚落则是地缘（移民）、志缘（行业）、血缘（个别家族）等多重关系组合的空间化。两者空间形态最大的不同点在于前者组合自然，与大地肌理同构，不少以宗祠为中心组团等；而后者以街道为轴线串起上述所有空间关系组合，一般而言，前者属于家族或宗族性质，后者是社会性质，在本书的开篇关于散居章节中做了探讨。下面我们将场镇聚落的空间发生发展做粗线条的描述与探讨，线条的轨迹是：三五家幺店子——水旱两路节点聚落——带状场镇聚落——网状场镇聚落——特定物象场镇聚落——首场与县治所在镇。

上述的关键词是场镇，这个词过去又叫乡场，清末简阳人傅崇矩著有《成都通览》一书，中有“成都县之乡场”“华阳县之乡场”，列举了若干至今已成现代市井的场镇。由此可见，“场镇”一词是由“乡场”慢慢演变而来的，这说明事物是发展的、动态的。不过其中的“乡”与“场”者，道明了“场”是处于“乡”间，即“场”是为“乡”服务的一个场合与场所、一种空间形态。它的普遍存在，是县城所在镇以下的一个层级规模。作为建筑，再往下就是散居的农户了。

三五家幺店子

四川方言中“幺”是小或最后的意思，放在对建筑聚落的规模表达上，指大路边做生意或半农半商人家，一种小型的店子组合。这些人家少则三五户，多则十几户。针对的消费对象一是徒步时代的过路客，二是本地周围的农民。

这是和单家独户散居完全不同的空间存在状态。哪怕只有一家，也是冲着经商而来。前提是，这里须是人流不衰的合适地方，比如山坡与浅丘的垭口、山区一块稍富裕的平地、城市边缘山峦山麓……有一株大树、一丛修竹、一块巨石、一泓流水更好。因为要有生意，总要点缀一些景观优雅东西于其中，以吸引客人稍憩一会，这样不就有生意了吗？

这些人家的房子，开始都在道路两旁，建得简易，具有一定的试探性，以降低成本，待人流量大了，赚了钱再培修或重建。所以，幺店子开头不少就是茅草棚子，若人流少或选址不合适，也就消失了。反之，有生意，来建房子经商的也就多起来，说不定就变成有场期的场镇。如合江福宝场，乾隆年间为一老太太在山头上卖凉水和生红薯的铺子，路人多起来后，咸丰、同治时期就成大镇了。

四川话中的“店子”就是商店、商铺的意思，同时也有把店子说成铺子。幺店子的主人以当地的农民居多，原因也是试探性地半农半商。又由于四川农村“五方杂处”，各省移民互相混居，制约了幺店子这种聚居形式，不可能因一两家的血缘纽带就发展壮大为家族聚落。因为幺店子是商业因素构成的，它的本质是市场，基因是竞争，它对血缘关系是排斥的，所以它的聚居形式必然是有商铺的街道。一开始必然就是店子，哪怕是最小的店子和最小的聚落。当然，这里不排除若干年后发展成场镇，某姓人占据了半条街、一段巷的情况，也因此有某些姓成为场铺名称者，如马家场、白家场等。所以，后来的不少场镇也有一定的血缘因素在内，即是此理，如巫山大昌温姓和兰姓，各占一段街道便是，但总体来看这个量很少。

随着人口增加，经济发展，交通日渐繁忙，幺店子也不断变化，有的向各种规模的场镇演进，新的幺店子必然又将出现。《四川清代史》估计，清代三百年场镇数量已达4 000多个。可想而知，幺店子的数量应该远在其上。

徒步时代交通线上的幺店子，作为场镇聚落发生的胚胎、一种商业聚落的起始，城镇的原点、动态的可生长与消失的空间组合体，其中可生长者多半含有为周边农业服务的因素，消失者多半为纯交通因素。就是说，一旦路上过客稀少，幺店子就会衰落。

幺店子建筑一开始组合，就必然摆在道路两旁，夹行人于其间。这是四川聚落和其他地区聚落空间区别的原始形态。它受制于道路交通，与其共存共荣，道路就是它的血脉、生命线。因此，与风水兴镇是没有联系的。它的建筑具有临时性，开始是草棚、竹棚，尔后是草房、竹编夹泥墙，有点积蓄了再小青瓦、穿斗房架、四壁木板墙。自然，少竹木的地区就多夯土或土坯砖墙，或石砌墙。

四川凡城镇之间，与省外、民族地区之间的大小道路旁，密布着万千幺店子。几千年来，它们默默地为路人服务，我们不能忘记它们。

水旱两路节点聚落

聚落因人而生成，为联系聚落之间与城镇产生道路。古代以徒步和水上交通为主，称为旱路与水路。其中旱路以产粮区构成的聚落联系密度最大。这就是另外一类幺店子，兼具交通与农业性质的幺店聚落。

这种幺店子不同于纯交通因素幺店子之处，是选址多了一层为农业服务的总体打算，同时它又在交通要道上。这就必然要求选址思维的周密性和实施的可行性等，比如，天灾人祸的设防性、与同类聚落和城镇的空间距离、周围农村散户的多少、选址与用水、薪炭的关系等。在四川少见族群的排他性，这也是散居带来的聚集后正效应。

综上因素，在和环境的协调性上，也许幺店子初始时有人考虑到了，也许是与生俱来的自然利用与和谐意识，比如：依山傍水、道路交叉、两水相交、丘陵“凹”处、大山“凸”处、桥头津渡等。这样的选址是一种经验的总结，是人类生存环境优质化的选择，也许风水就是因此得到启发，而事实上的风水选址又与上述何其相似。调研的结果表明，具有严谨规划意识的幺店子是罕见的，早起就有风水构思是不存在的。这也是构成四川人方位意识差，不像北方人动辄东南西北，而多利用参照物或距离来描述的原因之一。

那么水路呢？

四川95%的城市与场镇都靠水，但靠水不等于能行船形成水路，所谓水路就是以船为主工具的水上交通。它的聚落产生和港口、码头有密切关系，而不少场镇的前身正是三五家幺店子的港口和码头，俗称水幺店。

川江水系是一个庞大的交通网络，涉长江、乌江、嘉陵江、沱江、岷江、赤水河、金沙江等及其他通船的支流。几千年来，河岸萌生了不计其数的与水上交通、水上营生相关的人家，或独户散居，或几家人相聚而居，渐渐出现了一些带规律性的现象。其中最突出的是：这些人家都选址两条水流相交的三角地带。如果再放大看，那些场镇、城市几乎也是两水相交的地方，河流大行船多则城市大，反之则是场镇，更微小者就是幺店子或独户人家了。

然而，川江又分东、西、南、北岸，更分上游与下游，那么，何处是居住最佳地点呢？调查和资料表明，恐怕与选点纵深的农业发达与否有关，与物资、商品交易的数量多少有关等。显然，这就排除了选址的风水术在前的规划说，也就成全了诸如阆中无两水相交，利用河湾曲流建城的风水说。此实在是不多的奇例。

河岸三五家的幺店子除了尽量寻觅两水相交，哪怕支流是一条冲沟之地也好，其他都没有刚性要求。为什么？因为两水相交水湾已形成停泊船只的码头，洪水时可退泊支流内，饮用水可多一条选择等，哪怕是原生态式的港湾。而岸上人家大都与航运有关，如船工、小老板、修船工、渔家、半船半农者、贩运商、客运短途商、递飘船主（摆渡）等。两水相交之地航运不错，纵深之地农业兴盛，三五家幺店聚落就会壮大，变成场镇聚落。

综上，水旱两路构成的庞大网络，犹如四川身躯的血脉和经络，最终汇集形成两大中心，即成都和重庆。其次是乐山、宜宾、泸州、涪陵、万州、南充、绵阳等中等城市。接下来就是县城，再往下走便是和幺店子有关的场镇，总体都是围绕两大中心转。

幺店子是脱离散居后原始最小、最简单的聚落，是靠水旱两路血管供给营养而壮大的。但是作为聚落，它也许没有常见的成熟聚落那样完整，但所有聚落开始时却必须三家两户在一起，以最小单位组合生长。

带状场镇聚落

前面讲了，幺店子聚落的是街道与房屋之间，先有作为交通的道路，后有幺店子，有幺店子的那一段就成了街道。当经济、人口越来越发达后，人们来道路两旁，紧邻前店子左右建店，于是这样的街道，即带状街道，为场镇后，即带状场镇聚落。

带状场镇，可以分为有赶场（赶集）期、无赶场期、每天都是赶场期（又称百日场）三类。有赶场期是指有固定时间赶场，如1、4、7日，2、5、8日，3、6、9日为固定赶场日，即普通的三日一场；无赶场期者指还没有达到可以赶场的条件者；每天都是赶场期是指场镇规模大、流动人口多，天天都如赶场者。其中：

有赶场期的占川中场镇绝大多数。

无赶场期的较少，因为还有幺店子韵味，如成都茶店子、重庆高店子、自贡汇柴口。

每天都是赶场期的较少，如梁平屏锦铺、石柱西沱、开江普安等。

以上三类是变化的、相互转换的，是一个时空动态体，内因较复杂。

不可一言蔽之。总体是不断增加，消亡占少数。

带状形态和水岸平行，在平坝、山间穿行，受到地形和环境影响，呈现出千姿百态的空间韵味，或随河岸弯曲而弯曲；或陡峭而垂直；或随坡地而起伏；或笔直而坦荡。数千川中带状场镇无空间雷同者。于是可以看到随河岸弯曲而弯曲者：自长江三峡巫山大溪、忠县洋渡到金沙江屏山新市镇，千里长江岸，大部城镇皆此状；又看到江岸陡峭垂直者：有长江三峡石柱西沱到津塘河，其形态也为数不少；再看到随坡地起伏而起伏者：长江支流塘河上游合江福宝、街道随山头一起一伏、导致建筑垒建山头成为奇观。至于平坝街道较平直者，更是常态，成都平原量大质优，如都江堰聚源、金牛土桥、梁平平原屏锦铺等。当然，带状形状远不如此，所谓带状，只是叙述简洁化的一种表达，而“一条街”似的带状是丰富无比的。只能是具体场镇具体分析。但万变不离其宗，总是以街道为纽带、为轴线、为市场凝聚着一方人心，并形成磁场似的辐射面，构成中心聚落。显然，这就和以家族血缘为纽带的自然聚落是两回事了。

四川这个移民省份特有的全覆盖式的场镇聚落，如何体现移民色彩，尤其是带状场镇？当然，首先就是会馆，会馆是公共性质，在成都平原场镇中比例很大。那么，它该怎样建？我们举龙泉驿洛带为例。

洛带古称“甑子场”，是一个平直形典型带状场镇，全长约 1 100 米，中有湖广、广东、江西三省会馆各一座。其中湖广会馆摆在东西向街道中段的北面，呈坐北朝南方位。广东会馆、江西会馆摆在街道东段的南面，虽然也坐北朝南，但是，是会馆后立面面对街道，而不是像湖广会馆是正立面面对街道。于是广东会馆只有另开侧门，江西会馆甚至侧门另开一条街以便进出，为的是会馆不能坐南朝北，而有违以北为尊的宗旨。上述是说东西向带状街道会出现一些建筑朝向的尴尬局面，由此类推南北向街道的公共建筑又该怎样处理朝向呢？这个问题很普通，在四川乱了朝向者不在少数，所以，为了坚持以北为尊的宗旨，不少带状场镇把公共建筑建在了街道以外的地方。

以上分析展示了带状场镇聚落以移民为主体、会馆为中心的地缘人口结构，又揭示了一个地方移民在一个场镇人口结构上的局限性，但又表现出它的选择性，即四川省这样的格局普遍性以及由此形成的有限生态性。

又如最先进入者的建筑高度以临街屋脊为准，后来者在其左右之屋脊必须矮于前者，亦依次形成下去。到了一定数量，可以重新树立新高度。于是就和前者在山墙处隔开，形成宽窄不同距离，这就是所谓的火巷、尿巷等与街道内外联系的通道。也同时把带状街道两列民居分成了段带。这些巷子也就兼具了消防、交通、积肥（设置尿桶）功能。

带状场镇也许是真正产生前店后宅等式的开始，因为只有成非农业人口，有一定积累后，才敢涉及街道民居的文化。其中重中之重是祖堂该设在什么地方，显然，又涉及下房即前店的开间宽窄度和多少间。诚然，三开间下房最标准，不仅有临街铺面，后面亦可形成三间上房，亦构成中轴线及祖堂。而且在上、下的屋面上形成统一三开间的单元宽度，适成脊饰及与邻居清晰的界面。于是，带状两列街道高低错落的屋面形成，内因如上述。

那么，只有二开间，甚至一个开间的店铺者，它们又如何解决前店后宅，解决视堂、天井、作坊呢？这是一个浩瀚的空间秘境，巨量的多变空间图式。发展到清末，仅进深，不少单开间，动辄就是四五十米，甚至八九十米者，而开间宽最多不过 5 米左右。可见空间掘进之玄妙，其各类图式不是本文能说清楚的。

带状场镇基本形态大部是开始又是结局，状态至清末，只是变长了。其中行业志缘性的祠庙、血缘性的祠堂、宗教性的寺观也时有进入。街上没地盘了，又得通过巷子建在场镇外。后来戏剧发达了，要建公共戏楼于街中，又出现了戏坝子之类，但不影响带状基本形态。

奇怪的是，不管人有多发财，数千川中场镇，没有发现一处有民居类的庄园建在街上，但不少庄园有店铺、房产在场镇上，这始终是个迷。

“带状”发展几百年，没有明确的空间信息判断哪些是明代或哪些是以前的。资料、文献、现场表明，基本上是清代以来的，其中大部分又是明末农民起义军将领张献忠毁灭老场镇后的重建。那么可以推测，清以前仍可能是带状形态场镇占多数。

带状场镇发展到清末，有的向左右两侧延伸，形成街道，进而形成环线，构成网络；有的继续前后延伸，街道越来越长，如梁平屏锦铺前后延伸到2.5千米，均充分展现了通过型的空间特征，是带状街道及空间不同形态的纵深发展，也是同时期带状场镇发展的极致，因而成为一县首屈一指之场，俗称首场，成为享誉一方的大镇。

带状场镇形态的塑造和形态亦不影响业态和文态的发展。由于通过型的街道空间特点，在通往藏区的一些川西带状小场镇形成了茶马古道上的藏茶集散地。

据清末傅崇矩《成都通览》言：当时华阳县的中和场、中兴场还生产辫子，太平场产烟土、窑器。临近彝族地区的屏山县新市镇还形成专做彝族衣服的“蛮衣市”街。梁平年画所用色纸后来也形成袁坝驿场镇一条街，还有雨伞、扇子、草帽，甚至专卖猪内脏的“露水场”，即天亮前就完成交易等特色业态，它们随着经济的发展，就在带状场镇应运而生。问题是，带状形态的包容性并没有因此而发生街道空间、建筑空间质的变化，而看重的是这种街道的方便性、市场和道路的一致性、行商和坐商的协调性、通过和停顿的节奏性。这可能是此类形态千年无大变、能够生存下去的内在原因。

网状场镇聚落

此类场镇形成的基础，有可能是带状及“T”字形等道路的铺垫发展形式，它们都是一些大、中型的场镇聚落。街道较多，长短不一，宽窄有别，但都有明显的主干街道。如果此聚落生在江河岸，很可能主干道就在与其平行的河岸上，那么，网状就可能是带状场镇发展而来的。当然，这不是绝对的。

网状场镇最大特征：一是有一条主干道形成的环线街道，环线不论长短、大小、形状，均是聚落的骨干街道空间基础结构。它同时又延伸出多条街巷。二是场镇没有正方位的南北或东西轴，街道是一种受制于地形、江河、交通等方面的肌理性构成。此如：长江岸边的合江白沙场及重庆巴南区鱼洞场、岷江岸青神汉阳场。前者在一支流与长江交汇的三角坡地上组团，回旋余地小，自然约束了环线的展开。环线虽小，却有效地联系多个水路岸口的中心枢纽作用，达到了能量组织输送的空间功能协调。于是环线形态就很随意了。其中街道是多石阶的起伏状，是一种险中求平衡发展的聚落模式。后者汉阳选地岷江岸一冲击平坝上，街道呈方形环绕一圈。虽然平直成方形，但没准确方位的东西南北方向街道。此正是自然聚落元素在场镇中的反映，但没有干扰到街道环线的形成。说到底，上述莫过带状型的深化。

至于“T”字形，即三岔路口。若要形成网状场镇，则机缘就更大。“T”字有直角、锐角、钝角多形，场镇经济一旦发展，联系三角的网状道路就会出现，以维系道路的节点位置。这在平原、平坝上的场镇表现得突出。当然，网状形态或网状道路远不止环线为唯一。比如巫山大昌内部“T”字形街道亦无环线，但整体外围有城墙围合，圆形的场镇界面虽然不是街道，也没有绕场镇一周的道路，但呈现了形态上的环状整体格局。

除了“T”字形外，更多而丰富的环线格局场镇在四川比比皆是。如环线不一定全是两列有街房的民居店铺，也有没街道店铺但一定有道路联系两头街口形成环线者。如邛崃平乐一段河岸道路没有店铺，但起到了串起两头八店街和禹王街的作用，从而形成人流环线。再如大邑新场一段巷子，一段修竹下的幽径串起场镇间的几条街道，从而形成环线。我们把街道比喻成“实”，没有街道的道路比喻成“虚”，此正是虚实相生的传统文化在处理场镇问题上的空间注脚。据说在处理这些“虚”空间时，不少正是本地乡贤主张。它与现代规划思维完全无关，它是从人居环境的诗情画意的角度理解乡土空间建设，从而营造环线。

环线成网状，除上述道路关系、商业关系等因素外，是否有风水因素或者环线形成后风水的附会阐释？这里有一个比较：江河岸带状街道朝上游街口必须敞开，不能封闭、转弯。那么，迎接如水的钱财径直流向街道后，因其带状，往往前面上游进来，就从下游街口流走跑掉了，意思是说带状街守不住财，是一种“扫把街”，不聚财。带状街的措施是在下游街口，即下场口将街道变弯扭曲，以意会将流水般的钱财挡在街中。但这种形态太过牵强附会，自我安慰、自娱自乐成分重，因此环线状街道应运而生了。

环线街道视消费如水流，同时和风水五行中“水”对位。街道空间的塑造目的，就在于控制人流流动方向，让其在街道中循环或转一圈不走回头路，从而达到空间对于时间的优化。但这对于山地、丘陵为主的四川地形来说以及方方面面的综合因素而论，环线街道受制面太多。因此，注定它的数量不可能太多。

最后，环线成为圆形，百姓就俗称“磨子场”，如成都龙泉驿百合场等。意思是磨子常转动，就如推磨一般，流不完钱财。于是，这又成了和某些特定物象相谐并论的幽默，如果此类谐比多了，也就升华为文化形态。

特定物象场镇聚落

事物发展的基本规律之一是：数量产生质量。面对四川古场镇 4 000 多个之巨，该如何看待和寻觅它们的数质关系及相关的优秀场镇，以及什么才是优秀场镇？

众所周知，聚落是农业时代产物，产生它的儒文化全面地影响着聚落的生成与发展，无论聚落是自然形态还是街道形态，都会通过意识形态和物质形态表现出来。意识形态中认为血缘血亲最重要，于是产生自然聚落，亦通过宗祠控制聚落的发展。在发展过程中，有人不满意纯自然状态的生成模式，引进诸如“文房四宝”“二十八宿”“北斗七星”等特定物态，亦应物象形去规划、塑造、臆会自然聚落这一物质形态，出现了很有文化内涵的空间模式，有力地代表了它们在自然聚落中的突出地位。这正是千万大数据中产生出来的聚落典范，一种最有中国特色的聚落物质形态，自然聚落的最高境界。

四川汉族聚落区域是街道形态的场镇聚落，它庞大的数量又该如何体现数质哲学中的质量关系？

首先还得看背景。和自然聚落不同的是，它不是血缘关系，而是由各省人构成的地缘移民关系。因而表现出来的聚落形式是场镇，一种有街道的聚落形态，是以会馆控制移民的制约形式。那么，一个场镇各省移民都有，不免常有争论，为了加强团结、减少摩擦，各省移民都在寻觅一种解决方式。诸多方式中，都是调解的语言实践模式，缺少有形有物的永久性的空间物质形式。

有人认为四川茶馆多，是解决移民争论最早的空间场合，所谓“吃讲茶”就是聚众喝茶评理形式，输家出茶钱。久而久之，这种形式的空间就固定下来，直到现在农村人吵架，还在说“到茶馆评理”。不过茶馆再美也无非一两间房子而已，不能长效地、委婉地告诫诸移民亲善之为。于是一种诉诸场镇整体形态探索空间开始出现，那就是船形。

何以要船形，或以船形为最佳移民场镇聚落表现形式？显然，大海江河行船，同舟共济为最高宗旨，任何节外生枝，各行其是都会导致船毁人亡。同居一场如同行一舟，和能生财是要义。

以“船”为特定物象的场镇聚落出现，有大同小异的多种形态。有场镇建筑整体呈椭圆形，亦有外围界面构成两头小、中间宽者，是场镇深灰色瓦面为特色的船形场镇；有以带状街道一分为二，后又合二为一，中间形成一组椭圆形建筑物，以街道围合环线为界面特色的船形场镇者。最有特色的是利用檐廊围合成船形者，如下述两例：

一个在川东嘉陵江支流渠江旁之广安肖溪场，一个在川西犍为县北之山顶谓罗城。两场镇共同点是：街道民居通过檐廊成椭圆形围合，亦留下两头街口后，出现了一个船形外轮廓似的天井开敞空间。整体构成了开敞坝子、半开敞檐廊、封闭店铺系列空间程序。由此完成了一个文化形态的塑造。为了进一步强化“船”的形象和理念，罗城船形还在天井坝子三分之二处建戏楼一座，并于戏楼背后建石牌坊同留楹联于柱上，二者前后呼应，配合船形共同教化民众同舟共济大义。加之“船”在无水山顶之处，同舟之各省移民尤需倍加珍爱相互之友情。故乡民言必称罗城为“山顶一只船”，意在表达一种认同，一种亲近，一种护佑，一种乡情。

显然，它还会产生辐射教化效应。犍为县南部铁炉场地处沐川河岸，认为建一只“船”在河岸更优于山顶，也仿罗城复制了一船形场镇。当然，效应重点应是在“同舟共济”的内涵意义上。这一点在该县城乡有口皆碑。

建筑大师徐尚志提出建筑创作需注意“此时、此地、此事”理论，核心是创造民族自己的建筑和文化。罗城、肖溪之类船形街为本地乡土匠、士绅共建，理当与徐大师不谋而合，都是在追求一种有深厚文化底蕴和内涵的空间创造，而不是一个低能的物质打造匠作。

除了上述船形场镇外，还有梯形、磨子形、龙形等场镇分布省内各地。文化内涵各有喻比对象——比如梯形，指垂直于等高线的场镇街道，竖向斜顺着山脊往上爬，犹如登天云梯一般：如石柱西沱、江津塘河、达县石梯等，特征都是陡山江边码头，是一种地形决定形态走向从而附生喻比的文化现象。虽然事先没有对场镇街道进行规划，但事后产生的空间效果，群众报以极具美学的谐比，称之为“云梯街”。它深刻反映了四川社会乐天的民间世风。显然，这是场镇特殊形态发酵出来的文化魅力，尤其是像长江岸西沱镇长达2.5千米的云梯街，若放在聚落概念里深究和比较，当之无愧是世界之唯一。至于磨子场、龙形场，前者以近圆形街道而像石磨，后者以街道呈“S”如同龙身。前者可能有设计意念，目的是将人流控制在消费通道中，使其轮回，社会皆称商家如推磨，流不完的钱财，有一种夹杂幽默的谐趣于其中。后者认为街道婉转是龙形，也自称龙街，当然街民就是真正龙的传人了，也是一种自娱自乐、自尊自信的民间之气质在场镇聚落中的空间表现。

四川场镇聚落别开生面的区域独特性，是中国人文地理的有机分布地区之一，它和其他地区，包括少数民族地区自然聚落，共同构成聚落概念，谓之人类聚居的地方，因此，内部必有相通的共性与个性。如自然聚落中，有以文房四宝的纸、笔、墨、砚形象去布局者。与其相谐并行的场镇聚落，则用船的形象去塑造格局。一个在东南，一个在西南，殊途同归也，皆是力图通过一种载体去传播儒文化，从而达到和谐目的。究其思想基础，仍是仁、义、礼、智、信的儒风，这是很值得深思的。

聚落万万千千，上述自然聚落与场镇聚落典型理当是聚落的最高境界，也是聚落创造活动中群众智慧的结晶。它有着大数量普通聚落的铺垫，是数质关系金字塔尖的顶峰。

首场和县治所在镇

一个县城，场镇或多或少在规模上都有区别。群众对这种区别编有口诀，比如大邑就有“一新场，二安仁，三白头”之说，其中新场就是民间所说的大邑首场，即首席之场镇，县域最大场镇之聚落。

首场属综合型场镇，既是农业中心，也是交通中心，其中偏重农业为多。这说明在水运发达的时代，农业仍是支撑国民经济发展的基础，它自然会反映在场镇规模上。

这类聚落形态，既有网络状，也有带状，前者为多，后者少一些。这主要是由于交通因素，如梁平屏锦，它是梁平去重庆及沿途诸县的首站，人与物流量很大，因此街道越拉越长，号称五里。而网络状偏重聚散镇与乡之间人与物的流量组织，面对四面八方，必然会在街道空间上发生与之联系的延伸和生长。

首场无论多大规模，它都不能跳出场镇聚落这一类型概念和特征。即它的空间结构有一定的随意性。但县治镇表现出有一定规划性。一个随意、一个有一定规划，这就是四川场镇聚落和县治镇的空间区别，而不论场镇规模有多大。

区别最大的，就是有没有正方位的南北轴线与东西轴线街道的交叉，这亦构成公共建筑与民居基本分区。显然，场镇聚落是没有的，由此构成了它的随意的聚落性。而县治镇，凡古典有地形条件者，几乎都会追求南北与东西轴线街道的交叉。这也是空间宏观结构的区别，以示层级的不同。因此，凡衙署、会馆、寺观等公共建筑都摆在东西轴线街道之北，以维系所有公共建筑的坐北朝南方位。而居民的空间选择就大多了。

有的首场也在追求公共建筑的统一坐北朝南方位，从而建了一条东西向街道。如巫山首场大昌，笔者经查阅资料，发现它在原来也是县治镇，在清代被撤销。所以，古代四川城镇与乡场（场镇）在空间设置上，或许有相当严格的约制，虽然无法在文字上找到出处。可以推测仍是秦统一巴蜀、推行散居的同时，也实行县治所在城镇的里坊制度以便于管理，比如阆中等县。于是，具有便于管理等优势的南北、东西向街道格局开始出现。通过这种方式，中原居住文化及城镇文化在秦统一巴蜀后才会彻底覆盖所辖区域，而不仅仅是散居而已。而场镇只是“乡场”、聚落，是没有建制级别的。

综上，我们才找到了四川省省会成都，这个天府之国的中心城邑在城市格局上“仿学咸阳”的基层城乡空间铺垫。同时，笔者又找到了县城最先格局成形的城镇。因为，秦统一巴蜀后，最先修建了成都、郫、邛3城。除成都外，具有南北、东西轴线的郫、邛二城古代格局，一直保存在到现在，亦深刻影响全川县城格局。整体而论，秦统一巴蜀后，带来的是一整套人居制度，形成了散居——场镇——县城——中心城邑这样一条空间发展轨迹。虽然其中每个环节又有自己的系统逻辑，但总体不会偏离上述轨迹。

后 话

从散居到场镇再到县治镇，进而到成都、重庆两大中心城市，我们看到一条空间发展脉络。这条脉络自秦统一巴蜀以来，渐自形成了有别于其他地域的空间文化，并构成了巴蜀文化一个重要侧面。于是经 30 年考察和有限资料互证，拖出了一条“散居……场镇聚落”的空间走向粗线条。

四川毕竟在偏远的西部盆地，偏安一隅的自由富足生活又碰上了秦始皇“人大分家”的妙旨。每当场镇赶场，挤得水泄不通时，发现散居的清冷偏远，需要一种空间让他们欢乐聚集，毕竟他们都是操着南腔北调的各省移民，他们需要交往，需要……太多太多。

无形中，移民性格就反映到了散居、聚落的空间营造上，以及规模的递进与文化上。既然于事发生在盆地内，周高中低地形不易流走，那就在盆中发酵吧！也就有了形形色色、大大小小的散居的民居及场镇聚落。所以，散居与聚落是一组非常复杂的物质与文化现象。同时，它又影响到周边省区的一些地区。

要研究散居与聚落，需研究的方方面面太多，本书仅一孔之见。

——此为作者生前未发表文章——

季富政自述年谱

1943 年—2019 年

● 1943 年农历二月十五日午时生于贵州省湄潭县西门街。母亲说：摇篮中时看见绿叶就笑。

● 1948 年春——

四岁时差点被人贩子骗走。

五岁在县民教馆学堂接受启蒙，老师叫夏道奇。

童年、少年在贵州 11 年，主调是和大自然接触，玩得无羁无绊。记忆最深的是微风细雨、冰冻奇寒、山岭葱茂、水流清清。还有 1948 年，鸦片花开满了家后门外田野，母亲偶尔叫我背个小背篼去捡些花丛中的脚叶回来，说猪最喜欢吃。还有老房子天井、碾坊和竹筒大水车、破烂板板桥。常在梦中从桥上掉下去……

● 1954 年 4 月——

洋槐花盛开时，回到故土重庆沙坪坝，8 月插班汉渝路小学，从温婉静谧的高原坠入烦躁、喧嚣的山城，开始脱胎换骨，脱下长衫，穿上衬衫。

● 1957 年 9 月——

考进南开中学（时重庆三中）。此时正是“反右”火热之时。参加美术小组，后有作品橱窗展出。李可染、罗工柳等大师来重庆办画展对我影响深远。家道衰落，假期参加体力劳动，只有三年私塾学历的父亲被“改造”，政策：“挑 50 斤吃豆花，80 斤吃烧白。”

● 1958 年—1959 年

“大跃进”来了，孩子们兴奋哪！不上课了！敞开吃了。接着进入“灾荒年”，漫长的饥饿。

● 1960 年 5 月——

赤脚从沙坪坝走到市中区七星岗钢院礼堂，约 10 多千米。进入中央美术学院附中重庆考场，被录取后遭学校取消，转而保送高中。偷梁换柱之为，彻底摧毁了一个少年的人生梦。

● 1961 年 8 月——

高中一年级孩子正处于长身体、不知饱足的阶段，频遭饥饿折磨，实在支撑不了，腿脚浮肿，最后选择辍学，走自食其力之路。有在“渝江复”号轮船上学锅炉工、红旗酿造厂学徒、陈家湾街道运输队搬运工、天府煤矿焦煤厂泥炭工等临时工经历。

● 1962 年—1963 年 6 月

有强烈再读书愿望，越加思念学校。小学、中学同班同学，后来的妻子余世惠，不断将南开中学的各科复习提纲输送出来。于是在体力劳动之余强记苦学。这是要点意志力的。

● 1963 年 6 月——

参加在重庆建筑工程学院的高考，以同等学力的身份，录取进入西南大学美术学院（时西南师范大学美术及汉语言文学系）。得宠受教于温厚、博学、大气、典雅的教授们，有李际科、苏葆祯、张宗禹、刘一层、徐永年、谭优学等。

● 1965 年 11 月——

参加“四清”工作队，分配在忠县赶场公社东子大队。申请加入共青团未获批准。开始写诗。

● 1966 年 7 月—1967 年 12 月

转场梁平县，8 月回校参加“文化大革命”，一场噩梦从同学之间延至社会。1967 年 7 月到西双版纳探望支边弟弟，写了 105 首诗。集子取名“蓝色大山”。

● 1968 年 2 月—1971 年 12 月

分配至四川宜宾市电影院作美工师，期间抽调主持恢复“赵一曼纪念馆”数月。样板戏电影巨型油画广告绘制不断，绘画技艺得到提高。四年川南市井生活，让初入社会的我感受到世态的纷繁及残酷。

● 1972 年 1 月——

调大竹县文化馆任美工，实则以参加农村中心工作为多。换了一个截然不同的环境，新鲜、纯净、兴奋、静美，画了不少水粉风景画。其间偷跑成都，考取四川省乐团（声乐、男中音），政审外调时被发现，被广播点名批评。这时遇到四川音乐学院声乐教授刘振汉先生，不能忘记他在琴房辅导我三天，分文不取。

● 1973 年 4 月——

调乡下堡子垭中学，教美术、语文、音乐。上任的路上，一辆黄牛拉车，载着一家三口，慢悠悠地行进在开满野花的山道上，时而下车采些野花，时而把两岁女儿骑上肩“打马马肩”，时而偏东雨一阵狂扫，时而又雨后天晴蓝天白云。

抽调频繁。在剧团画景片，至四川达州市城区画大墙油画。主要是在大巴山区中心工作，如农民美术训练班、“农业学大赛”、农村十件新事等。“文化大革命”后期，农村工作最多，留下不少日记、笔记、绘画写生和记忆。前前后后加起来，此生约有 4 年时间在农村工作。

重会少年时重庆沙坪坝俱乐部美术班朋友罗中立，他在达县钢铁厂宣传部工作，时正在画少儿读物《一条红领巾》。

● 1975 年 10 月——

正式调动到“达县师范专科学校”（现四川文理学院）筹建美术系。一切都要亲力亲为，包括到重庆购买石膏制品、到窑厂和农村市场买瓶瓶罐罐等最基本的课堂静物写生物件。

深读中西美术相关的论述和美术作品的分析，选择性地的阅读一些文学名著和文史哲方面文章，同时挤出时间，进行室外风景写生和室内静物写生。比较紧张地迎接着美术系的正式招生，因为它是达州地区13县第一个高等美术院系的诞生。

接手并联合西南大学美术系举办“社来社去”（当时流行的办学方式，意为“从社会来，到社会去”）学生班。

● 1976年10月——

粉碎“四人帮”。

● 1977年元月——1979年3月

“达县师范专科学校”艺术系美术专业正式招生，任专业负责人。后成美术系的第一任系主任。

● 1979年3月——

邀西南大学美术系的正值花甲之年的吴冠中教授到达县师专讲学，被学校拒绝。转而请地区文化局邓泽纯救场，继讲学、讲现场作业，万源县庙坡写生共半月，一些写生作品受到先生精准点评，深受启发，影响终身。

● 1980年——

美术系、音乐系被停办，顿时迷茫。

发现罗中立经常往平昌县驷马公社跑，时正是油画《父亲》完成阶段，也常来家中讨论对“农民”这个衣食父母，该如何去表现的课题。

● 1981年—1983年10月

无课可上，阅读大量文史哲方面文章，深入水粉画研究，画了不少大尺寸作品。《星星》诗刊发表小诗两首。因画广告收钱，被扣工资两月。举办水粉画个人展览。在达县市工会举办美术训练班。

● 1984年10月——

调峨眉山下西南交通大学建筑系。大量阅读建筑学相关文章。12月去同济大学、东南大学、昆明工学院访问相关学科教研室和老师。

● 1985 年 6 月——

去南昌招生三人，两女一男。时任美术教研室主任。建筑学的美术课该怎样上是比较困惑的问题。个人的专业前途何去何从更是扰人坐立不安，已经四十有二了，对传统建筑方面的文章尤感兴趣，渐形成读后留芳，余音绕梁韵味和情调。开始写些乡土建筑随笔之类。

● 1986 年——

似乎觉得走美术、文学、建筑三者结合之路，可超然现状，亦可发挥所长。

试作峨眉山民居的调查：完全的美术眼光，以写生和访谈为主，地点：黄湾肖宅。开始成立峨眉山画院，被选为院长。买了一辆“五洲牌”自行车，专为调查民居之用。

● 1987 年 8 月——

带 85 级建筑系学生访问四川美院，邀罗中立讲艺术创作和留学比利时感受。首次试投《南方建筑》：发表《四川方言悟出的建筑情理》，发表后反响不错。

● 1988 年——

《高等工程教育》第 4 期、《广厦》第 12 期，发表《形与形之间——峨眉山寺庙对周围民居的影响 》。

随后，茫然不知所措的一段时光不期而至。主动辞去美术教研室主任一职。

● 1989 年——

进入四川汶川县城周边的羌族村寨闲遛。触碰到羌寨聚落与民居空间，产生前所未有的震撼，并产生表现欲。不自觉做记录、画速写、学测绘。

5 月回到峨眉，半年不下山，劈菜园、画水墨、读羌史、写短文，留下一批“庚午年”题名的绘画。

● 1990 年 3 月——

回到成都学校，被停止上课资格。

● 1991 年 7 月——

带 87 级学生去承德实习美术，回程下川东六县民居调查，8 月 23 日回成都。

● 1992 年 7 月——

北京香山饭店“中日民居研讨会”上，幸见清华汪国瑜教授，时徐尚志老先生也在场，气氛祥瑞。8 月，带数幅乡土建筑钢笔画，参加华南理工大学的民居研讨会，陆元鼎、刘叙杰、黄永松等先生多有指点。《成都建筑》第 3 期发表《山水画·民居》一文。

● 1993 年——

集中精力抓羌寨资料的收集和整理，暑假继续带学生深入羌寨测绘。《建筑画》发表钢笔画《川南大镇》《神秘古镇》。《季富政乡土建筑钢笔画展 》在西南大学和北碚区展出。

● 1994 年——

继续羌寨研究。在中国台湾《汉声》杂志 67 期专刊发表《手绘四川民居》。同时在台湾博远出版公司出版、发行《中国传统建筑钢笔画技法》著述。《四川建筑》第 2 期发表《峨眉山风水建筑浅识》。国家文物局课题：“三峡水库淹没古桥测绘与研究”暑假工作展开。《四川小镇民居精选》由《四川科技出版社》出版、发行。徐无闻教授题书名。

● 1995 年 5 月——

申请国家自然科学基金资助项目“三峡古典场镇形态研究”获批准。7 月参加第五届全国民居会、文章《四川名人故居文化构想》编入论文集。《四川建筑》第 4 期《飘逸论——兼述峨眉民居》发表。

● 1996 年——

《四川民居散论》由成都出版社出版、发行。三峡古镇调研。羌寨资料收集整理加紧进行，获桂林市规划局李长杰教授羌族建筑研究资助。全国民居研究渐成高潮，相关会议也不断参与。英剑桥大学主编之“世界各国本土建筑”巨著词条招标中标，词条是“中国四川少数民族建筑”，共7条。

● 1997年——

《西南交大建筑系论文集》投入《历代巴蜀民居综述》；《中外建筑》1期发表《羌族建筑三题》。《成都建筑》第4期发表《林盘启示录》。《建筑意匠》第1期发表《幺店聚落》。

● 1998年——

《四川文物》第4期发表《羌民居主室中心柱窥视》；《建筑意匠》第1期发表《乌江干栏巨制——龚滩镇》，第2期发表《再提西沱——登天云梯》。参加成都市规划局课题，也是成都古镇形态研究及保护发展课题，成果在人民南路展览馆展出，参观人潮盛况空前，从而提出“十个古镇”概念，是成都田园城市的发端；也是成都古镇保护发展的最初启动者，古镇旅游挖掘的先行者。后文稿交市建委出版，石沉大海。

● 1999年——

冯至诚主编的《老成都》丛书出版，其中收录8篇我原发表在《成都晚报》上的文章。（另：《成都晚报》前后发表约60幅文字配照片解说，均是成都民居文化内容）《四川文物》第5期发表《大昌古城踏勘综考》；《建筑意匠》第5期发表《山寨场镇》。

● 2000年——

挂历《山乡遗韵》建筑钢笔画出版，深受欢迎，学校购买了5000份。同时还出版了《客家成都》《羌寨》《四川民居》明信片。《重庆建筑》2期发表《三峡场镇粗线条》。《华中建筑》2、3、4期连载：《大雅和顺》《建筑意匠》第1期发表《幽古百家——双流黄龙溪》，2期发表《惜土方寸——合江福宝》。2月，《中国羌族建筑》专著出版，由西南交通大学出版社出版、发行。受中央电视四台之邀，赴理县桃坪羌寨现场讲解羌族聚落与民居，后播出。羌寨的进入，几年下来约有50次左右。

● 2001 年——

主持成都市规划局项目“成都市宽窄巷子历史文化保护区”的保护整治与规划工作。成果:《规划师·重建乐山大旅游规划构想》,《建筑意匠》第1期《围合兴场——合川涞滩》。7月在广西规划设计院讲座“巴蜀聚落”。本年前后在四川日报上发表文章十多篇。内容多在乡土建筑的发现和保护上。11月在《四川美术报》发表《乡土建筑之美》。

● 2002 年——

3月“大慈寺历史文化保护区”课题做保护整治规划前期调研。5月1日—7日四川美术馆“季富政乡土建筑美术摄影展”展览开幕。徐尚志先生等前来参观,省、市报纸及电视做了报道。在《建筑意匠》2期发表《峨眉山后——柳江镇》。《季富政乡土建筑钢笔画》出版、发行。

● 2003 年——

5月,在四川省医院发现鼻咽癌,住院半年,放疗35次,化疗4回,又在华西医院做生物治疗。在《四川文学》1期发表《沉疴乡情》。在《四川文物》1期发表《氐人聚落与民居》。在《建筑意匠》2期发表《金汤之固——广元昭化》。《三峡文化研究》论文集收录《三峡古代乡土建筑》一文,6月接人事处通知:已到退休年龄,可延聘一年。

● 2004 年——

《西南交大建筑系论文集(三)》:“羌族与部分西南少数民族民居源流述说”录入。因病暂停户外工作。以阅读为主,偏重文史哲方面。特别关注传统建筑方面的形势。《巴蜀城镇与民居》出版、发行。

● 2005 年——

主编《新视野中的乡土建筑论文集》收入文章《川黔边境岩居研究》。以四川建筑师学会乡土建筑专业委员会名义主持召开“西南地区乡土建筑研讨会”,上述论文集产生于此会。《华中建筑》11期发表《刘致平,一个伟大爱国者的情怀》。

● 2006 年——

《四川文学》第 10 期封面文章：《一生追逐》。《焦点·风土中国》上发表《西昌的风水眼》。主持“金堂五凤溪镇修建性详细规划”。

● 2007 年——

在四川美术学院讲座“乡土精神”。在《焦点·风土中国》第 1 期发表《都江堰神谕》，7 期发表《农业文明孕育的聚落——场镇起源》《地理才是硬道理》《天人合一的飘逸》。在西南交大学生礼堂举办“季富政中国画展”。7 月《季富政水墨画》《季富政水粉画》出版。

● 2008 年——

5.12 汶川大地震后，接北川县长经大中电话急赴北川，研究震后重建，尤其羌族建筑风格问题，紧急出版一本指导性册子。后数十次参加重建各种活动，包括新县城选址、总规评审，受出资北川中学企业家王琳达邀请，到北京设计院参与规划设计顾问工作。主持设计“羌风一条街”，深入最边远羌寨西窝村和黑水村，提出申报历史文化名村的可能性，后获省厅批准。在《南方建筑》第 5 期发表《巴蜀聚落民俗探微》。《中外建筑》第 9 期发表《创造世界最大的城市聚落形态》。《中华文化遗产》第 4 期表发《岷江上游文明记忆·羌族碉楼村寨》。3 月《新视野中的乡土建筑》主编出版。9 月《采风乡土——巴蜀城镇与民居》出版、发行（续集）。

● 2009 年——

《焦点·风土中国》16 期发表《诗意栖居的回归》。主持五通桥古镇修建性详细规划。

发现大邑新场古镇，亦做保护规划。今已是国家级历史文化名镇。

● 2010 年——

主编《成都古镇》。在《重庆建筑》第 1 期发表《三峡场镇环境与选址》。在《重庆建筑》第 10 期发表《三峡场镇向何处去》。参加在中国台北举办的“民居研讨会”。

● 2011 年——

与莫斯科电视台摄制人员共同访问茂县黑虎寨，亦作讲解。主持青神县汉阳镇修建性详细规划。《乡土建筑》丛书出版发行，内有《巴蜀屋语》《蜀乡舍踪》《单线手绘民居》《本来宽窄巷子》四册。7 月《古代羌人的防御》《山野田间》出版发行。

● 2012 年——

《成都史志》第 12 期发表《成都城市“山”与轴线遐想》。《中国国家地理》第 12 期发表《神秘的成都古镇》。《天府古镇》丛书出版、发行（主编）。

● 2013 年——

主持“贵州安顺市历史文化保护区保护规划”“修建性详细规划”。12 月，《四川民居龙门阵》出版发行。

● 2014 年——

11 月在四川省住建厅西昌干部训练班开学典礼上讲课，题目：四川城镇脉象。7 月与重庆建筑研究与设计院人员共同考察涪陵、南川、武隆山区碉楼民居。

● 2015 年 9 月——

在西南大学美术学院讲座“巴蜀乡土建筑”。

● 2016 年——

《重庆建筑》第 5 期发表《碉楼民居类型演变》；《南方建筑》第 6 期发表《东汉画像砖“庭院”图像研读》。

● 2017 年——

《民居·聚落》论文集交西南交通大学出版社审查。

● 2018 年——

《重庆建筑》6 期发表《奉节清末城市风貌》。（另注：《重庆建筑》之前采用乡土建筑钢笔画作封面不下 10 期）

说明：

作为基础研究的田野考查，对传统历史文化街区、街段、场镇、民居等乡土建筑，及少数民族聚落、民居的涉猎，总计千例之巨。它占去三十年很大部分时间，几乎囊括所有的暑假和星期天及一些节假日。

参加各类规划、建筑设计的评审，省市历史文化名镇、古镇、村落的发现、推荐、评审也在百例之上。

在社会上、高校内举办传统建筑文化讲座十数场。在宜宾、达州、峨眉、重庆、成都等地举办个人画展数次，涉国画、水粉、钢笔画等。

2019 年 4 月于聊村

后记

回顾乡土建筑研究，选择部分文论辑集最佳。不管什么方法论的文章，建筑学的、历史学的、考古学的、民俗学的、心理学的、美学的……此般念头一动立刻浮现一群学人的身影，那就是和这些文章相关的老师和同学们，是他们始终和我一起考察、一起调研、一起颠沛、一起流离，并逐渐形成一个松散且罕见的学术团队。如此，集中调研的有：

羌族村寨与民居：有张若愚、任文跃、周登高、秦兵等十多位同学；

三峡场镇：有陈颖、王梅、钟健、魏力、张若愚等十多位师生；

成都古镇：有陈颖、熊瑛、王梅、傅娅、王晓南等多位老师；

安顺、赤水河聚落民居：有佘龙、张赟赟、王奕等多位同学；

腾冲和顺聚落：有张若愚、周穗如、周亚非等多位同学。

还有常态性的单项测绘、调研，如宽窄巷子、邱家祠堂、大慈寺片区、若干成都市域民居、省内若干古镇与民居等。

所以，我所谓的作品，应是众人共举之作，或者，至少调研的空间与时间此时正一滴一滴、无声无影地渗透进他们的教学和设计之中，或称为一生中、一段生命的低碳过程中，或谓之深度旅游，皆是一派生存的旷达与潇洒。

最后，尤为值得一赞的是，王梅教授、熊瑛教授的研究生们，以及正在意大利读博士的林茂同学，为本书付出劳动与智慧。编辑之辛，最后成勋。

季富政　2017年农历九月九重阳节